LUSHANG FENGLI FADIAN GONGCHENG
SHEJI GUIFAN

陆上风力发电工程设计规范

北京能源集团有限责任公司　组编
北京京能能源技术研究有限责任公司　主编

U0381706

中国电力出版社
CHINA ELECTRIC POWER PRESS

图书在版编目（CIP）数据

陆上风力发电工程设计规范 / 北京能源集团有限责任公司，北京京能能源技术研究有限责任公司组编 .

北京 ：中国电力出版社，2024. 12. -- ISBN 978-7-5198-9455-9

Ⅰ. TM614-65

中国国家版本馆 CIP 数据核字第 2024Z4U54 号

出版发行：中国电力出版社

地　　址：北京市东城区北京站西街 19 号（邮政编码 100005）

网　　址：http://www.cepp.sgcc.com.cn

责任编辑：畅　舒（010-63412312）

责任校对：黄　蓓

装帧设计：王英磊

责任印制：吴　迪

印　　刷：三河市万龙印装有限公司

版　　次：2024 年 12 月第一版

印　　次：2024 年 12 月北京第一次印刷

开　　本：787 毫米 ×1092 毫米　16 开本

印　　张：9

字　　数：149 千字

印　　数：0001—1000 册

定　　价：50.00 元

编写委员会

主　　任　阚　兴

副 主 任　张凤阳

编　　委　梅东升　苏永健　张　伟　陈大宇　张　平　李染生
　　　　　李明辉　朱　军　薛长站

主　　编　梅东升　苏永健

副 主 编　张宇博　赵　立　韩志勇　王　刚

编写人员　郑　睿　杨　竹　李成林　彭晓军　张传颂　郭永红
　　　　　曹红旺　李　彬　张振兴　孟　超　王圣萱　赵潇然
　　　　　张博洋　何　琪　郭玉敏　计枚选　王烙斌　安珊珊
　　　　　檀少英　舒吉龙

目 录
CONTENTS

1 编制说明

　　本规范适用于陆上风力发电工程的可行性研究、初步设计、施工设计的编制。本规范旨在规范和加强陆上风力发电工程建设规划和勘测设计工作，进而提高设计管理水平，保证工程设计质量，推行设计优化，控制工程造价，积极推广先进、成熟、可靠的设计技术，注重节电、节地和控制非生产性设施的规模和标准，统一和明确建设标准，以合理的投资，提高项目投产后的市场竞争能力和投资效益。

　　在使用本规范时，应同时遵循国家和行业政策、标准、规程、规范，如与国家和行业强制标准不一致时，应按照较高标准执行。

2 风电场设计

2.1

总体规划、升压站/开关站选址

2.1.1 风电场总体规划

2.1.1.1 风电场总体规划应贯彻统一规划、分期实施、综合平衡、讲求效益、合理开发、保护资源的原则，同国民经济发展规划、国家新能源规划等保持一致。

2.1.1.2 根据对风电场风能资源条件、接入电力系统条件、工程地质条件及制约风电场建设的其他条件的初步评价结论，对可进行开发的风电场进行总体规划，初步确定开发规模、开发顺序。

2.1.1.3 应根据风能资源分布和场地范围，确定风力发电场的装机容量和风力发电机组的位置。应根据输电规划以及配套的并网接入点及方向、集电线路的输送容量、输送距离，确定风力发电场变电站的规模和布置。

2.1.1.4 风力发电场道路设计应符合风力发电场总体规划，并应满足运行、检修、消防、大件设备运输和吊装等要求，综合考虑道路状况、自然条件等因素，优先利用已有道路或路基。

2.1.1.5 规划阶段可在1∶10000地形图上分析具备风电开发价值的区域，拟定规划风电场场址范围。对复杂地形风电场，根据风电场风能资源、交通运输及施工安装条件选择合适单机容量的风电机组，并在拟定的风电场场址范围内根据风况特征，结合地形条件布置风电机组，估算风电场规划装机容量。对于大型风电基地，估算风电场装机容量时，应考虑各风电场之间设置2~4km宽的缓冲带。

2.1.1.6 对场址平坦、地形和地貌简单的规划风电场，可按5000kW/km² 估算风电场规划装机容量。

2.1.1.7 根据地区社会经济发展，结合各规划风电场开发顺序提出风电场工程近五年发展计划及远期发展规划。

2.1.1.8 根据风电场开发计划和顺序，初步安排下一步工作计划，如布置风电场工程测风方案、安排风能资源测量和评估工作。

2.1.2 升压站 / 开关站选址

根据风电场中长期建设的规划、风电机组布置方案、集电线路设计、场内道路布置，结合接入系统设计的要求全面综合考虑选择升压站/开关站的站址。站址选择原则如下：

（1）站址选择应首先考虑升压站/开关站建设的功能要求，满足系统送出方案可行及风电场接入方案合理，避免潮流迂回。

（2）出线方向适应各电压等级线路走廊要求，尽量减少线路交叉。

（3）站址选择还应充分考虑站用水源、站用电源、交通、设备运输以及土地性质和用途等多种因素，重点解决站址的可行性问题，避免出现颠覆性因素。

（4）站址选择应严格遵守国家法律法规及土地政策等相关要求，尽量占用山地、坡地或荒地。

（5）升压站/开关站选址应对上述各项因素进行综合考虑、平衡，兼顾安全、经济与人员生产运行的舒适性要求。

（6）站址选择按远景建设规模进行规划。

（7）有条件的情况下，应选两个及以上的站址，进行经济技术对比分析，推荐最优站址。

风能资源

2.2.1 风能资源分析主要依据

风力发电场风能资源设计应贯彻现行《风力发电场设计规范》（GB 51096）的原则和要求。风能资源资料的整理和分析测风数据应符合《风电场风能资源测量方法》（GB/T 18709）、《风电场风能资源评估方法》（GB/T 18710）及气象行业标准《风电场风测量仪器检测规范》（QX/T 73）的有关规定。

2.2.2 风力发电场测风塔的选址应符合的规定

2.2.2.1 利用中尺度数据或采用其他方式进行布机，确定场区风电机组初步布置区域。测风塔宜设立在风电机组布置相对集中的区域，使测风数据能全面、真实地反映机组布置区域的实际风况。

2.2.2.2 特殊地形，分区对待。复杂地形的山地风电场，风电机组一般沿山脊布置。不同山脊走向，划分为不同区域，测风塔选址应反映不同区域的风能特征。山脊线较为凌乱的风电场，可根据风向、海拔以及风电机组布置区域选择测风塔位置。

2.2.2.3 复杂地形，高低搭配。个别地形起伏较大风电场，海拔落差可达数百米，风速、风向与海拔及地形有着直接的关系。在测风塔选址时，宜在较高–中等–较低位置分别设立测风塔。

2.2.2.4 测风塔布置位置应综合考虑单台测风塔控制半径及风电场场址区地形地貌情况。风力发电场测风塔具体布置要求见表2.2-1。

表2.2-1 不同地形风电场测风塔位置一览表

地形	单台测风塔控制半径	测风塔位置
平坦地形	5km	宜在风电场中心设置1处，如有河谷、台地等地形突变地区则在其附近增加1处
丘陵、低山地形	3km	在风电场中心、上风向各1处，对于可能的风电机组集中布置地区增加1处
复杂山地地形	2km	对于有1~3条山脊线且较为连续、山体较为完整的风电场，如山脊线与主导风向夹角较大，可在各条山脊线大约平均海拔位置的山峰处（不要选择在山峰之间）各选择1处测风位置；如山脊线与主导风向平行，则沿每条山脊线上风向、下风向各选择1处。 对于山脊线较为凌乱、山体较为破碎、孤立山峰较多的风电场，可考虑在上风向、下风向分别在海拔较高、平均海拔以及海拔较低的区域各选择1处测风位置

续表

地形	单台测风塔控制半径	测风塔位置
其他复杂地形	—	宜在风电场中心设置1处，当场址地貌较复杂时，如存在大面积水域、树木或居民点等，可根据实际情况增加一座测风设备

注 1. 平坦地形：初步风机机位海拔高差50m以内，或粗糙度变化小。

2. 丘陵、低山地形：初步风机机位海拔高差50~100m，或粗糙度变化较小。

3. 复杂山地地形：初步风机机位海拔高差100m以上，或粗糙度变化较大。

4. 其他复杂地形：初步风机机位海拔高差50m以内，但粗糙度变化较大。

2.2.2.5 初步调查收集周边拟开发风电场的测风情况，并结合中尺度数据，对其主导风向及风切变情况进行预判。

2.2.2.6 测量参数、测量仪器及安装：

（1）测量参数。按照《风电场风能资源测量方法》（GB/T 18709）相关规定执行。

1）风速参数采样时间间隔应不大于3s，并自动计算和记录每10min的平均风速，每10min的风速标准偏差，每10min内极大风速及其对应的时间和方向。

2）风向参数采样时间间隔应不大于3s，并自动计算和记录每10min的风向值。风向采用度（°）来表示。

3）温度参数应每小时采样一次并记录，单位为℃。

4）大气压力参数应每小时采样一次并记录，单位为kPa。

（2）测量仪器。

1）测风仪器设备在现场安装前应经法定计量部门检验合格，在有效期内使用。

2）风速传感器应满足测量范围为0~60m/s，误差范围为±0.5m/s（风速3~30m/s范围），工作环境温度应满足当地气温条件。

3）风向传感器应满足测量范围为0°~360°，精确度为±2.5°，工作环境温度应满足当地气温条件。

4）大气温度计一般应满足测量范围为–50~+50℃，精确度为±1℃的要求。

5）大气压力计一般应满足测量范围为60~108kPa，精确度为±3%的要求。

6）数据采集器应具有本规定的测量参数的采集、计算和记录的功能，具有在现场或室内下载数据的功能，能完整地保存不低于12个月采集的数据量，能在现场工作环境温度下可靠运行。

7）在受强热带气旋影响的风电场现场，可增加强风观测仪器。

（3）测风设备及安装。按照《风电场风能资源测量方法》（GB/T 18709）相关规定，选择与安装测风设备。安装前应注意收集周围已有测站和气象站的测风资料，分析其风况特征，了解当地盛行风向，以有利于测风设备的安装和调试。

1）测风塔结构一般选择桁架型铁塔，高度应接近或高于拟安装风电机组的轮毂高度。测风塔应该具备设计安全，结构轻便、易于运输及安装，在现场环境下结构稳定，风振动小等特点；并具备防腐、防冻、防雷电要求及配备"请勿攀登"等明显的安全标志。

2）测风塔高度按照100~150m设置，风速仪、风向标安装时，其中应有一套风速、风向传感器安装在10m高度处，另一套风速、风向传感器应固定在拟安装的风电机组的轮毂中心高度处或最高高度处，其余的风速、风向传感器可固定在测风塔10m的整数倍高度，根据测风塔的高度，一般对于150m高度测风塔，风速传感器应至少安装在10、50、80、100、120、140、150m高度，风向标安装在10、50、100、140、150m高度。

3）为减小测风塔的"塔影效应"对传感器的影响，风速、风向传感器应固定在离开塔身的牢固横梁处，与塔身距离为桁架式结构测风塔直径的3倍以上，迎主风向安装并进行水平校正；在顶层增加一套测风设备并与迎主风向的垂直方向安装。

4）风向标应根据当地磁北方向安装，设计时应根据当地磁偏角修正为真北，风向标死区范围应避开主方向。

5）安装数据采集器时，数据采集安装盒应固定在测风塔上适当位置处；安装盒应防水、防冻、防腐蚀、防沙尘和防静电；数据传输应保证准确。

6）温度计及大气压力计可随测风塔安装。

7）测风塔的高度一般不低于预装风电机组的轮毂高度，对于装机规模超过200MW的风电场应设立至少一座高度不低于100m的永久测风塔。

8）测风塔除采用传统的机械式测风设备外，根据测风设备技术的发展，特殊区域可推荐采用超声波、雷达等测风装置。

2.2.2.7 风力发电场测风塔数据收集、整理和分析应符合下列规定：

（1）在风能资源测量中，测风塔原则上应使用机械式测风设备。雷达测风设备和超声波测风仪可作为补充测量手段。

（2）使用雷达测风设备和超声波测风仪进行测量前，应与机械式测风设备进行对比观测，时间宜在7d以上，对比数据的完整率不宜低于90%。

（3）对冰冻、台风、连阴雨等气象条件风电场，对测风塔和测风设备应提出特殊要求。

（4）应至少保留1座代表性较好的测风塔继续测量至风功率预测测风塔建立。

（5）风速传感器、风向传感器、温度计、气压计、湿度计的安装及测量数据采样要求，按照《风电场工程风能资源测量与评估技术规范》（NB/T 31147）规定执行。

（6）应安排专人负责测风数据的管理，为每座测风塔建立档案，并作为风能资源评估及风电场设计的基础资料之一。对于测风塔数量较多的风电场，宜委托具备相应资质的单位进行测风塔数据收集、管理及分析。

（7）数据管理人员需具备风电行业的从业经验和技术能力，能够检查观测数据的合理性，发现数据异常后，可以初步诊断故障类别并及时报修。

（8）测量档案内容应包括测风塔基本情况、测量方案报告、测风塔安装报告、测风塔验收表、测风仪器检验报告、现场照片、维修记录、数据整理报表、管理人员基本信息、保存要求等。

（9）测风数据具备远程发送能力的应定期接收测风数据，时间间隔不宜超过7天，发现数据停止发送连续2天以上或出现其他异常状况时应予以记录并及时联系测风设备厂家处理；不具备远程发送能力的应定期派专人去现场采集数据，时间间隔不宜超过1个月，采集过程中存储器脱离数据采集器的时间不宜超过10min，发现数据停止记录或测风设备存在异常时应予以记录并及时联系测风设备厂家处理。

（10）测风数据收集应连续进行1年以上（含1年），并保证收集的有效数据完整率达到90%以上。连续缺测或故障数据不宜大于10天。

（11）采集到的测风原始数据应作为正本资料保存，不得进行删改或增减等处理，并应设置有保密措施，及时进行备份。

（12）测风数据管理人员应定期进行测量数据整理，数据整理的时间间隔宜为1个月。对收集的数据进行初步分析，判断数据是否在合理的范围内及测量参数连续变化趋势是否合理。应初步检验数据的完整性及合理性，并统计数据完整率和平均风速，制作风向玫瑰图及风速分布柱状图，整理异常记录及维修记录等并编制报表。

2.2.3 风力发电场长期测站选择

2.2.3.1 与风电场距离较近。

2.2.3.2 与风电场具有相似的地形、下垫面及风资源成因条件。

2.2.3.3 具有连续30年以上（含30年）规范的测风记录，风速资料宜通过一致性修正。

2.2.3.4 与风电场测风塔同期测风数据总体相关性较好，且主导风向及主风能风向扇区的相关系数大于0.7。

2.2.4 风力发电场测风塔数据检验、插补及订正

2.2.4.1 测风数据检验和处理。应依据《风电场风能资源评估方法》（GB/T 18710）、《风电场工程风能资源测量与评估技术规范》（NB/T 31147）验证风电场测风塔原始数据，对其真实性、完整性和合理性进行判断，检验不合理数据和缺测数据。

2.2.4.2 测风数据插补。

（1）风速的缺测数据和不合理数据宜采用相关插补方法，风向、温度、气压、湿度等参数可采用相关插补或经合理修正的数据进行替换等方法进行修正。

（2）数据修正应选取测风塔所在地及周边的同期参证资料作为依据，参证资料按与测风塔相关性选取，优先级依次为：本测风塔其他通道数据、邻近测风塔数据、气象站数据、中尺度数据。

（3）测风塔仅部分通道缺测时，宜采用相邻高度同时段的完整风速数据，计算相邻高度同时段风切变指数，并按《风电场风能资源评估方法》（GB/T 18710）中的风切变幂律公式进行插补。

（4）测风塔某一时段所有通道缺测时，宜采用相关性较好的参证资料，通过两者之间的相关关系进行插补。同期测风数据的相关系数不宜小于0.8。

（5）所有通道缺测数据总数应符合《风电场风能资源测量方法》（GB/T 18709）的有关规定。缺测或无效数据过多，不满足规程规范要求时，应进行补充测风。

（6）初拟轮毂高度大于已有测风塔高度时，宜采用补立测风塔或雷达观测等短期测风措施补充轮毂高度处的实测数据，并与已有测风塔同期数据进行相关分析。

（7）对冰冻等严重影响有效数据完整率的特殊情况，宜根据实际情况进行处理，并进行详细说明。

（8）应提出原始测风数据的有效数据完整率和修正后的有效数据完整率的对比说明。

（9）通过测风数据的插补，应整理获得至少一个连续完整年的逐10min测风数据。

2.2.4.3 数据订正。

（1）长期测站测风年风速与其近30年平均风速水平偏差不超过2%时，可直接采用风电场测风塔实测数据作为风电场代表年数据。超过2%时，宜按照《风电场风能资源评估方法》（GB/T 18710）的规定进行数据订正。

（2）在不能选择长期测站时，可收集其他临近气象站资料或采用中尺度数据等模拟的气象数据进行代表年订正。

（3）其他临近气象站资料或中尺度数据等模拟的气象数据相关性仍然较差时，应在年上网电量计算中考虑风速年际变化对发电量的影响。

2.2.4.4 风况特征参数。

风况特征参数应包括以下内容，风况特征参数统计表格式参见表2.2-2。

表2.2-2 测风塔主要风况特征参数统计表（示例）

风况参数		测量高度					等级
		150m	140m	120m	50m	10m	
分析时段（年月日~年月日）	风功率密度（W/m²）						
	年平均风速（m/s）						
	标准空气密度下的年平均风速（m/s）						
风切变指数		最大或极大风速（m/s）					平均湍流强度（150m 高度，15m/s±0.5m/s）
主风向		实测最大		50 年一遇最大风速			
平均空气密度（kg/m²）		实测极大		50 年一遇极大风速			

（1）计算确定的测风塔各个测风高度实测平均干/湿空气密度。

（2）计算并绘制风电场各个测风高度平均风速和风功率密度的月变化、日变化、变化曲线，计算年平均风速和风功率密度。

（3）计算并绘制全年、逐月的测风塔风向玫瑰图和风能玫瑰图。

（4）计算测风塔风速频率、风能频率和威布尔分布。

（5）采用幂定律拟合方法计算风切变指数。计算数据应为实测有效数据，不得采用经过修正、订正或通过模拟获得的数据，且风速传感器为相同安装方向上的测量成果。

（6）计算各个风速段的15m/s平均湍流强度及代表性湍流强度。计算数据应为实测有效数据，不得采用经过修正、订正或通过模拟获得的数据。

（7）风能特征参数的计算应符合下列规定：

1）应分析所有测风高度层的实测逐时数据。

2）应优先采用测风起始两年内的数据进行分析。

3）风电场的空气密度采用满一年的数据计算，不宜采用不足完整年数据计算。

4）测风外推宜采用测风塔最高层相对保守的风切变参数值。

5）湍流强度值应统计完整年的15m/s下平均湍流强度值、代表湍流强度值。

（8）按下列原则确定测风塔50年一遇最大风速、极大风速：

1）50年一遇最大风速应按照《风电场工程风能资源测量与评估技术规范》（NB/T 31147）规定的极值I型法、1年一遇最大风速法、气象站大风速相关法和五倍风速法等，选取至少三种计算方法，取较为保守的结果，并按照《风力发电场设计规范》（GB 51096）的规定计算标准空气密度下的50年一遇最大风速。

2）在进行不同高度50年一遇最大风速和极大风速推算时，宜采用大风时段的风切变指数。大风时段选取标准，宜为10m测风高度处不小于10m/s风速；若数量较少，也可以选用风速降序排列后的前5%数据。

3）受热带气旋影响严重或有台风出现的区域，50年一遇最大风速和极大风速应通过专题研究确定。

（9）初拟轮毂高度大于已有测风塔高度时计算的初拟轮毂高度的平均风速、平均风功率密度、湍流强度和50年一遇最大风速，应采用多种方法对风电场50年一遇最大风速的计算结果进行合理性分析。

（10）绘制风电场场址区域初拟风机轮毂高度的风速、风功率密度分布图谱。

2.2.5 风电场 IEC 等级判定计算应符合的规定

按照测风塔50年一遇最大风速和采用测风塔10min的测风数据计算的湍流强度，结合IEC 61400-1:2019（见表2.2-3），判定测风塔位置的IEC等级和适用的风电机组类型，并综合考虑全场的情况。

表 2.2-3　风力发电机组等级的基本参数（表中各参数值适用于轮毂高度）

类型	I	II	III	S
V_{ave}（m/s）	10	8.5	7.5	
V_{ref}（m/s）	50	42.5	37.5	
$V_{ref.T}$（m/s）	57.5	57.5	57.5	
A+ $I_{ref(-)}$	0.18			由设计者确定参数
A $I_{ref(-)}$	0.16			
B $I_{ref(-)}$	0.14			
C $I_{ref(-)}$	0.12			

注　V_{ave} 为年平均风速；V_{ref} 为 10min 平均参考风速；$V_{ref.T}$ 为适用于热带气旋地区的 10min 平均参考风速；A+ 为很高湍流特性等级；A 为较高湍流特性等级；B 为中等湍流特性等级；C 为较低湍流特性等级；$I_{ref(-)}$ 为湍流强度的参考值。

2.2.6 风电机组风能资源评价

2.2.6.1 评价风向频率和风能密度的方向分布，明确风电场主导风向和主导风能方向，并分析其对风电场布置的影响。

2.2.6.2 评价风电场风速和风功率密度的日变化、年变化趋势，分析与当地电网的日、年负荷曲线匹配程度。

2.2.6.3 风电场湍流强度可参照IEC标准评价其湍流强度类别：A类（0.16）、B类（0.14）、C类（0.12），为风电机组设备选型提供依据；评价风电场湍流强度对风电机组性能和寿命的影响。

2.2.6.4 根据风电场极端风速情况，参照IEC标准（见表2.2-3），判断风电场安全等级：即 I、II、III、S类。

2.2.6.5 评价风电场特殊的天气条件（如气温、积雪、积冰、雷暴、盐雾、沙尘等），并对风电机组选型提出特殊的要求。

2.2.6.6 风电场风功率密度等级按照表2.2-4进行评价。

表2.2-4 风功率密度等级表

风功率密度等级	10m 高度		30m 高度		50m 高度		应用于并网风力发电
	风功率密度（W/m²）	年平均风速参考值（m/s）	风功率密度（W/m²）	年平均风速参考值（m/s）	风功率密度（W/m²）	年平均风速参考值（m/s）	
1	<100	4.4	<160	5.1	<200	5.6	
2	100~150	5.1	160~240	5.9	200~300	6.4	
3	150~200	5.6	240~320	6.5	300~400	7.0	较好
4	200~250	6.0	320~400	7.0	400~500	7.5	好
5	250~300	6.4	400~480	7.4	500~600	8.0	很好
6	300~400	7.0	480~640	8.2	600~800	8.8	很好
7	400~1000	9.4	640~	11.0	800~	11.9	很好

注 1. 不同高度的年平均风速参考值是按风切变指数为1/7推算的。

2. 与风功率密度上限值对应的年平均风速参考值，按海平面标准大气压及风速频率符合瑞利分布的情况推算。

选型、布置、发电量估算

2.3.1 风电机组应符合《风力发电机组设计要求》（GB/T 18451.1）和《风电场接入电力系统技术规定 第1部分：陆上风电》（GB/T 19963.1）的有关规定。

2.3.2 风电机组选型应符合下列规定：

2.3.2.1 综合风电场地形地貌及风资源情况、运输条件限制、总装机规模，以及风电机组技术进步，宜采用大单机容量、高塔筒、长叶片的主流风电机组；所选风电机组安全指标宜高于计算的安全类别指标，具有型式认证和一定运行经验。特殊区域如台风区域、高原区域、沙尘区域、覆冰严重区域应提前做好风电机组选型专题。

2.3.2.2 近30年极端最低气温低于−20℃时应选择低温型风电机组；海拔2000m以上应选择高原型风电机组。在冻雨、覆冰区，风电机组宜具备自加热等设计除冰措施。

2.3.2.3 在质保期内，风电场全场可利用率应至少满足招标文件中的要求，风机全场年平均可利用率：第一年，≥95%；第二年及以后，≥98%。

2.3.2.4 根据风电机组的发电量、运输条件、建设投资和运行期收益，经技术经济比选后并提出推荐意见。

2.3.3 对于风电场区内机位高差较大的山地、高山地风电场，综合发电效益、安全性问题、场地限制等因素应考虑混合布机的方案比选。混合布机时风电机组选型应符合下列规定：

2.3.3.1 采用混合布机时，可根据现场实际情况，针对不同机型、不同叶轮直径、不同轮毂高度等几个方面进行综合比选。

2.3.3.2 应采用同一个风机厂家的不同机型，以方便采购及运营管理。

2.3.3.3 不同机型（包括叶轮直径、轮毂高度）不宜超过3种，且机型选择应考虑以下两点：

（1）高海拔、低温、冰冻、凝露、潮湿、风沙、盐雾、高温、台风等特殊环境。应统计风电场极端低温、极端高温、凝冻等不利天气的年内分布、各月时长等情况。

（2）根据场址区风能资源分布、环境敏感等因素，可采用混排方案进行风机选型。比选机型应包括不同类型、不同叶轮直径、不同容量的风机。

2.3.4 风电机组布置应符合下列规定：

2.3.4.1 平坦地形机组布置。风电机组行间距不宜小于5倍风轮直径，列间距不宜小于3倍风轮直径，对于主风能密度方向不集中的风电场，应适当增加行列间距。可根据场区主导风向采用"梅花形"布机方式。简单地形区域、装机容量大于200MW的风电场，宜设置风能资源缓冲恢复区。

2.3.4.2 复杂地形机组布置。

（1）风电机组行间距不宜小于5倍风轮直径，列间距不宜小于3倍风轮直径，对于沿山脊单排或双排布置的风电场，可适当减小列间距，最小不宜低于2倍风轮直径。

（2）对于风电机组机位处风速变化较大、存在多个安全等级的风电场，宜采用混合装机方案，机型不宜超过3种，轮毂高度不宜超过2种。

（3）对于运输施工难度大及个别孤立的风机位置，应综合考虑发电量和施工造价，优化风电机组机位布置。

（4）在不规则区域或地形复杂区域进行风机布置时，应分析风机布置场地或风机布置山脊的走向与主导风向的关系，以及斜坡、安装平台的影响，综合多种因素进行风机布置。

2.3.5 风电机组布置避让应符合下列规定：

2.3.5.1 风电机组布置应避开基本农田保护区、沙化土地封禁保护区、军事区、文物保护区、自然保护区的核心区及缓冲区、Ⅰ级保护林地、国家级森林公园、重要湿地、候鸟栖息地、候鸟迁徙路线、重要鸟类聚集区、一级饮用水源保护区、风景名胜区、压覆矿产区、机场以及机场净空保护区、电磁环境保护区、环境敏感区等主要限制区域。风电机组布置应避开滑坡、泥石流等不良地质灾害区域。

2.3.5.2 风力发电机组布置与铁路、省级及以上公路、输电线路、地面敷设的油气管道等设施的避让距离宜为自塔架根部外沿起至避让对象保护范围边缘，避让距离符合以下规定：

（1）距离铁路、高速公路、220kV及以上架空输电线路不宜小于风力发电机组倒塔距离的1.5倍。

（2）距离省级及以上等级公路、35kV以上架空输电线路、地面油气管道不宜小于风力发电机组倒塔距离的1.0倍。

（3）风力发电机组布置与地埋电力电缆、通信电缆和通信光缆的避让距离应自风力发电机组基础外缘计算，避让距离不应小于10m。

（4）应符合《声环境质量标准》（GB 3096）对噪声限值的规定或者遵循当地要求。

（5）对阴影闪变敏感区域的影响时间每年不宜超过30h，每天不宜超过30min。

（6）应避开滑坡、崩塌、泥石流、地面塌陷等地质灾害易发区域。

2.3.6 风电机组技术经济比选应符合下列规定：

2.3.6.1 根据初选的机型，比较特征参数、结构特点、塔架型式、功率曲线和控制方式。采用代表年风资源数据、风场地形图、当地空气密度下机组的功率曲线及推力系数等参数特征，按照充分利用风电场土地和减小风电机组间相互影响的原则，对各机型方案进行初步布置，计算标准状态下的理论年发电量。并经过相应折减，估算上网电量和年满负荷等效利用小时数，推荐技术指标最优的机型。具体工程中可参照表2.3-1做技术指标对比。

表2.3-1　各机型技术指标对比表

机型	WTG1	WTG2	WTG3	WTGn	…
单机容量（MW）					
轮毂高度（m）					
风轮直径（m）					
装机数量（台）					
装机容量（MW）					
年理论发电量（亿kWh）					
尾流折减后（亿kWh）					
其他折减后（亿kWh）					
等效利用小时数（h）					
排序					

2.3.6.2　在技术指标比选的基础上进行经济指标比选。结合风电机组价格、塔筒重量和价格、风电机组基础造价、道路及安装难易程度等方面，初步估算各机型方案风电机组及有关配套费用。通过静态经济指标（单位千瓦造价和单位度电投资）及动态经济指标（财务初步分析的投资收益率）的比较，推荐经济指标最优、运行维护成本较低的风电机组。并对整体布置方案中发电能力较低的单台风电机进行经济性分析。具体工程中可参照表2.3-2做经济指标对比。

表2.3-2　各机型经济指标对比表

项目	方案	WTG1	WTG2	WTG3	WTG4	WTGn
风电场情况	机型					
	单机容量（MW）					
	装机台数（台数）					
	轮毂高度（m）					
	叶轮直径（m）					
	机舱重量（t）					
	装机容量（MW）					
	风电场年上网电量（亿kWh）					
	上网利用小时数（h）					

项目	方案		WTG1	WTG2	WTG3	WTG4	WTGn
工程投资情况		施工辅助工程（万元）					
	设备及安装工程	风电机组及安装工程（万元）					
		塔筒及安装工程（万元）					
		箱式变压器及安装费用（万元）					
		集电线路（万元）					
		升压变电设备及安装工程（万元）					
		控制保护设备及安装（万元）					
		其他设备及安装工程					
		合计（万元）					
	建筑工程	风电机组基础（万元）					
		箱式变压器基础（万元）					
		场内道路（万元）					
		升压站/开关站建筑（万元）					
		其他费用（万元）					
		合计（万元）					
		其他费用（万元）					
		基本预备费（万元）					
		工程静态总投资（万元）					
技术经济指标		单位千瓦静态投资（元/kW）					
		度电投资（元/kWh）					
		含增值税上网电价（元/kWh）					
		全部投资内部收益率（所得税前%）					
		全部投资内部收益率（所得税后%）					
		自有资金内部收益率（%）					
		排序					

2.3.6.3 根据工程具体情况，必要时还应进行轮毂高度的比选。目前风电机组轮毂高度多介于100~160m，针对不同轮毂高度的设置，计算其发电量数值，进行技术经济比较。根据计算结果，提出推荐的轮毂高度。风电机组轮毂安装高度方案比较可采用差额投资内部收益率法。各方案投资费用仅比较各方案间不同的部分，包括塔架费用、风电机组基础费用、设备吊装费用等；各方案发电效益根据各高度的风速资料结合选定的机组功率曲线进行计算。

2.3.6.4 当出现单台机位处的湍流强度略高于所选风电机组的设计安全标准，或风切变指数大于0.2的机位时，如保留此机位，应由风机厂家进行风机载荷安全性复核。在优化设计过程中，如出现上述情况，应请相关风机厂家进行书面确认，以保证优化设计的准确性。

2.3.7 对复杂地形风电场，应选用基于计算流体力学的CFD风能计算软件，如MeteodynWT、WindSim等；对其他地形风电场，可选用基于线性模型的风能计算软件，如WAsP、WindPRO和WindFarmer等。

2.3.8 计算风电场年上网电量采用的折减修正系数有条件时可参考邻近区域已运行风电场实际折减情况，且应考虑周边风场对本风电场的影响。正常取值应符合下列规定：

2.3.8.1 根据风电场现场实测或参证站多年的温度、气压和湿度资料，计算平均空气密度及其修正系数；采用风机厂家提供的场址空气密度下的功率曲线进行发电量计算时，不再进行空气密度修正。

2.3.8.2 风电场尾流损失应符合《风电场工程微观选址技术规范》（NB/T 10103）的规定，整体平均尾流损失宜小于8%，单台风电机组尾流损失原则上不超过15%。已完成风电机组招标的项目应由风电机组厂家复核各机位疲劳载荷。

2.3.8.3 湍流强度折减系数宜取2%~5%。

2.3.8.4 根据各风电机组整机制造厂商技术制造工艺、技术成熟度等因素，考虑风电机组可利用率、风电机组功率曲线保证率折减系数。

2.3.8.5 变压器损耗及集电线路线损、风力发电场自用电量损耗折减系数，宜取3%~7%。

2.3.8.6 气候影响折减综合考虑低温、冰霜、凝冻、极端风况等特殊天气时由于风电机组停机造成的发电量降低，宜取3%~10%。

2.3.8.7 对相邻风电场最近风机距离小于最高叶尖高度20倍时，应进行本风电场发电量和安全性影响分析，并根据分析结果增加相邻风电场影响折减系数。

2.3.8.8 其他折减可根据下列影响因素进行计算：

（1）根据风电场所在地电网实际情况考虑电网故障率及电网影响折减系数。

（2）当风电场测风时段与代表年风况不同时，考虑风电场代表年订正对于发电量的影响以及风能资源评估中的不确定性的修正影响折减系数，不宜超过5%。

（3）根据风电场所在区域风电项目建设及规划情况考虑大规模风电场群对风电场的影响折减系数。

2.3.8.9 测风数据和工作方法（手段）与相关规程规范存在差异时，应对发电量计算误差进行评估分析（包括软件计算误差分析），并根据分析结果增加软件计算误差折减系数。

2.3.8.10 需要进行电力消纳专题研究的风电场项目，应给出风电场出力特性分析计算成果。

2.3.9 山地风电场宜在机型比选基础上进行经济装机容量比选。

2.3.10 风电场内有多个测风塔时，应进行交叉检验，分析其代表性，并根据互推结果偏差差异，对不同的机位点选用不同的测风组合及权重分布计算理论发电量。

2.3.11 微观选址。

2.3.11.1 微观选址前提可遵从以下规定：

（1）主机招标确定，并取得主机参数、功率曲线、基础荷载、运输和吊装要求、噪声测试报告等资料。

（2）完成场区地形图测量。地形图测量比例宜采用1∶500~1∶2000。山地、滩涂等场区的测量地形图比例，可根据设计合同约定执行。

（3）已收集禁止占用区域的坐标或资料，包括压覆矿区域、自然保护区、水源地、风景名胜区、文物、军事、生态红线、机场净空等敏感区域的坐标或资料。

（4）已收集风电场的区域地质、地质灾害、区域水文等资料。

（5）已收集现有或规划的各类建设设施的布置资料，如公路、铁路、输电线路、通信设施、油气管道、相邻风电场机位及机型等。

（6）已有建设方、设计方、风机制造商确认的现场微观选址拟采用的风机初步布置方案。

2.3.11.2 微观选址具体要求：

建设方、设计方、风机制造商均应派人参加微观选址工作，共同对初步布置方案机位点的现场场地条件进行落实，确认所选机位点所涉及的道路、平台、集电线路等方案的合理性和可行性。

（1）外部限制性因素。应复核风电场工程有关的环评、水保、地质灾害、压覆矿、文物、土地、林业等批复文件的成果，确保微观选址机位满足批复文件要求。

（2）现场调查。对风机布置涉及的敏感制约因素（如生态红线、土地性质、林地、自然保护区、风景名胜区、压覆矿、水源地、不良地质、跨界、居民点、噪声、风机阴影、公路、社会输电线路、坟墓等）进行详细调查和分析，并结合现场踏勘结果进行综合评估。

（3）现场踏勘。应复核测风塔位置、风机机位的风能资源及其遮挡情况、现场植被（粗糙度）、地表附着物、地形地貌、地质和水文条件、风机间距、避让区域及距离、行政边界等。应调查风电场道路运输条件、吊装平台布置条件、机位出线条件等。应采用相似准则对测风塔代表性进行评估，将现场踏勘成果与软件计算结果进行分析，对风险较大的区域进行重点分析。

（4）复核发电量。应根据现场踏勘成果，检查计算模型的外部输入资料，包括测风塔位置、安装信息、地形图准确性、粗糙度、边界范围、障碍物、突变地形、远山遮挡等，并复核发电量计算成果。

（5）微观选址成果。

1）应根据现场踏勘结果，对室内绘制的机位布置图进行调整，确定最终机位布置方案，并交由风机制造商进行安全性复核，并提交业主确认。

2）微观选址成果主要包括每个机位（含备用机位）对应的坐标点、机位点机型、机位影像、机位道路及其地形情况说明、场区及周边敏感因素，以及机位点处的风能参数（风速、风功率、湍流、入流角、极端风速等）。如表2.3-3、表2.3-4所示。

表2.3-3　现场机位记录表

机位位置			现场典型照片	地形、地貌及工程地质描述	道路描述	平台描述	敏感因素
x	y	z					

表 2.3-4 风电场发电量计算详表（示例）

风机编号	机位位置			平均风速（m/s）	风功率密度（W/m²）	年理论发电量（MWh）	尾流（%）	年上网电量（MWh）	年等效满负荷发电小时数（h）	湍流强度	50年一遇最大风速（m/s）	入流角（°）	单机容量（MW）	叶轮直径（m）	轮毂高度（m）
	x	y	z												
F01															

3）取得风机制造商正式的微观选址复核报告和荷载计算分析报告后，完成微观选址报告收口工作。

4）已确定的微观选址方案在施工建设过程中发生变更时，设计方应对机位调整前后的相关设计变化情况进行详细分析说明，并出具设计变更文件。并将变更后的机位重新提交风机制造商，复核新机位点的安全性，并出具复核报告和风机安全载荷报告。

5）不可抗力导致机位取消的机位布置方案，应在满足风电场整体收益率的前提下保证容量，且不能出现单机亏损（财务评价时，单台风机的投资仅包括风机基础、塔筒、箱式变压器、风机设备及其安装费）。

2.3.11.3 流场计算模型说明，参数设定及校核。简单地形风电场风能空间分布分析可采用线性模型，复杂地形风电场风能空间分布分析应采用计算流体力学模型。风能空间分布分析应符合以下规定：

（1）计算区域边界距离风电场内任一风力发电机组机位的距离不应小于5km，当计算区域边界附近地形或者粗糙度存在明显变化时，宜将计算区域边界扩大至包含明显变化区域。

（2）风电场区域计算平面网格分辨率不宜大于50m，风力发电机组轮毂高度以下垂直网格分辨率不宜大于6m。

（3）各个扇区计算收敛率应大于90%，主导扇区宜大于95%。

（4）模拟扇区不应低于16个，宜在主导风向进行扇区加密。

（5）计算流体模型应考虑大气稳定度的影响。

（6）宜选用时间序列数据进行模拟计算。

（7）宜选用涡旋黏性尾流模型进行计算。

（8）应采用现场空气密度下的动态功率曲线进行计算。

2.3.11.4 山地风电场的微观选址工作应采用软件模拟与专家经验相结合的方式进行。一般来说，峡口地形资源条件较好，需注意风电机组的安全性；规模较小的山脊鞍部垭口效应不明显，近地表风有加速作用，风机轮毂高度处可能存在负切变，布机时需予以注意；局部隆升地形相对资源条件较好，风机布置时可予以考虑；迎风坡、背风坡布置风机有可能不能达到模拟计算的资源水平，布置时应予以注意。对于规模较大的山丘、山脊等隆起地形，风电场风电机组选址一般首先考虑在与盛行风向相切山丘、山脊的两侧上半部，其次是山丘的顶部。应避免在整个背风面及山麓选定场址；对于山谷地形，风电机组选址应重点考虑因"狭管效应"产生风速加速作用的区域，但选址时应注意由于地形变化剧烈，产生的风切变和湍流；对于海陆地形，风速由海—陆衰减较快，风电场风电机组选址宜在水陆交界带。

2.3.11.5 项目公司应提前搜集风电场区内的土地、林地、矿区、军事、文物等影响风机布置的敏感区域相关资料，以免对布机方案产生颠覆性影响。对于利用矿产沉陷区开发的项目应提供矿区地质稳沉专题报告（含压矿评估、地质灾害评估专题报告）。

2.3.11.6 山地风电场地形条件复杂，风电场的混合布机微观选址工作需要风电机组厂家深度参与微观选址、发电量计算、风电机组安全复核的全过程，风电机组厂家应结合软件模拟、现场踏勘及工程经验，针对山地风电场提出混合布机方案，从机型选择、塔筒选型、基础荷载计算等方面，开展差异化设计工作。必要时，风电机组厂家应提供风电机组的优化控制策略。

2.3.11.7 针对山地地形采取混排方案布置的风电场，项目公司应根据具体项目情况，向设计单位、风电机组厂家提出混合布机的要求，以便于各方深入开展混合布机设计工作；项目公司应根据设计单位的建议，及时进行山地风电场测风塔的补立工作，以便更准确地进行山地风电场的资源评估，降低开发风险，提高项目收益。

2.3.11.8 风电场微观选址应备有一定的备选机位，备选机位数量可按装机数量的5%~10%考虑。

2.3.11.9 对于地处低洼地、濒临湖泊、河流的项目应查明防洪或防内涝水位；涉及蓄滞洪区的项目按水利部门要求完成项目洪水影响评价报告。

2.4

工程地质与测绘

2.4.1 工程地质勘察

2.4.1.1 风电场工程地质应贯彻现行《岩土工程勘察规范》（GB 50021）和《陆上风电场工程可行性研究报告编制规程》（NB/T 31105）的原则和要求。具体工作应符合现行《陆地风电场工程地质勘察规范》（NB/T 31030）和《陆上风电场工程风电机组基础设计规范》（NB/T 10311）的有关规定。

2.4.1.2 应查明场地的基本地质条件，包括地形地貌、地层情况、物理力学指标、水文地质、工程水文、标准冻深、水和土的腐蚀性评价、不良地质作用、特殊性岩土、场地类别、场地稳定性等，并作出评价。

2.4.1.3 应查明区域地质情况及地震动参数，评价区域构造稳定性。

2.4.1.4 应对可能采取的地基基础类型、基坑开挖与支护、地基处理方案进行评价，并提出设计所需相应参数。

2.4.1.5 勘探以工程地质钻探、探坑、探槽为主，结合工程地质调查、物探和室内试验相结合的方法，按不同的地层岩性条件进行标准贯入试验、动力触探试验、采取不扰动样及扰动样。

2.4.1.6 前期和可研阶段应能控制场地不同地貌单元、地层岩性及岩土工程特性。勘探点应布置在能代表风电机组地质条件的点位。应对特殊性岩土（如软土、湿陷性黄土等）和不良地质作用（如岩溶、采空区等），增加实际工作量，包括钻孔、探井、室内试验、原位测试等，详细评价其岩土工程特性。

2.4.1.7 勘探工作布置应满足如下要求：

（1）应能控制场地不同地貌单元、地层岩性及岩土工程性状。勘探点应布置在能代表风电机组地质条件的点位。

（2）简单场地勘探点的间距不宜大于4000m，场地条件复杂时不宜大于2500m。

（3）勘探点数量可根据不同的场地类型及地基土复杂程度按风电机组总数

的10%~20%控制，但不宜少于6个。

（4）勘探孔可分为一般性钻孔和控制性钻孔。一般基础控制性钻孔不应少于总孔数的1/3；桩基础控制性勘探孔应占勘探点总数的1/3~1/2。

（5）基岩埋藏较浅的山地丘陵场地以地质调查为主；土质地基钻孔深度可按20~50m考虑；桩基及天然地基应满足变形计算深度的要求。

（6）场地内每一地层的取样试验及原位测试试验不宜少于6组，地表水及地下水应采取代表性水样进行水质腐蚀性分析试验，采取代表性土样进行土的腐蚀性分析试验。

2.4.1.8 风电机组基础勘察应符合下列规定：

（1）每台风电机组基础处均应布置勘探孔，应能控制场地不同地貌单元、地层岩性及岩土工程性状。

（2）全部勘探孔均为采取试样和进行原位测试的控制性勘探孔。

（3）每台风电机基础均布置钻孔1~2个为技术性勘探孔，岩石地层时，孔深度为8.0~10.0m；土质地层时，孔深度为20.0~50.0m。控制性勘探孔的深度应超过地基变形计算深度或满足地基处理与桩基础设计要求。

（4）土壤电阻率测试：根据场地内地层岩性变化情况，每台风机均做电阻率测试。

（5）室内土工试验：现场采集不扰动样和扰动土式样必须满足《岩土工程勘察规范》（GB 50021）要求。并按《土工试验方法标准》（GB/T 50123）要求进行室内常规物理力学性质试验项目。如遇特殊土（黄土、软土、冻土、膨胀土等），作相应的特殊土试验。

（6）地下水样水质简分析试验：根据现场勘察的地下水埋深实际情况，在条件允许的情况下，钻孔内取水试样6组进行水质分析，评价环境水对建筑材料的腐蚀性。

（7）场地土分析试验：拟在基础埋深周围采取土样2件进行土的腐蚀性分析，评价场地土对建筑材料的腐蚀性。

2.4.2 工程测绘

2.4.2.1 测量满足《工程测量标准》（GB 50026）、《全球定位系统（GPS）测量规范》（GB/T 18314）和《国家三、四等水准测量规范》（GB/T 12898）等相关规范要求。地形测量应满足如下要求：风电场地形图测量比例尺一般不小于1：2000，测量范围应满足风电场设计和建设需求。升压站/开关站及单台风机吊装平台地形图测量比例尺一般不小于1：500，有特殊需求的可进行断面图测量；测量范围一般为升压站/开关站围墙中心线外扩100m范围，有特殊要求的可根据实际情况而定，周边涉及道路、河流以及构筑物等地物的，需按照实际情况和设计要求测量清楚。

2.4.2.2 风电场内架空送电线路的测量，主要包括平断面测量、交叉跨越测量等，测量需满足线路设计需求，线路测量需采用与风电场统一的坐标系统和高程系统。

2.4.2.3 风电场道路测量，主要包括区域地形，带状地形，横、纵断面测量等，测量需满足道路设计需求。地势相对平坦地区，道路测量可在风电场区域1：2000地形图测量时一同测量。风场范围较大、道路路径较长的，道路可采用带状地形图测量，带状地形图测量范围满足设计需求。特别复杂山区地形或有特殊需求的，沿道路路线进行逐桩横、纵断面测量；其中横断面一般为水平比例1：100~1：200，竖直比例1：100~1：200，纵断面一般为水平比例1：1000~1：2000，竖直比例1：100~1：200。或者沿着道路平面路线测1：500的带状地形图，宽度为道路中心线每侧不小于15m，地形复杂及转弯处需要适当加宽。

2.4.2.4 地形类别的划分。

（1）平地：绝大部分地面坡度在2°以下的地区。

（2）丘陵地：绝大部分地面坡度在2°~6°（不含6°）之间的地区。

（3）山地：绝大部分地面坡度在6°~25°之间的地区。

（4）高山地：绝大部分地面坡度在25°以上的地区。

2.4.2.5 地形图的基本等高距。地形图的基本等高距根据地形类别和用途的需要，应符合表2.4-1规定。

表2.4-1 地形图基本等高距

比例尺	基本等高距（m）			
	平地	丘陵地	山地	高山地
1：500	0.5	0.5	1.0	1.0
1：1000	0.5（1.0）	1.0	1.0	2.0
1：2000	1.0（0.5）	1.0	2.0	2.0

注 括号内的等高距依用途需要选用。

一个测区内同一比例尺地形图宜采用基本等高距。当基本等高距不能显示地貌特征时，应加绘半距等高线。

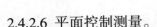

2.4.2.6 平面控制测量。

（1）平面控制网的建立宜采用卫星定位测量、导线测量等方法。

（2）首级平面控制网精度的基本要求为最弱点相对于起算点的点位中误差不应超过5cm。

（3）首级控制网宜联测2个以上高等级国家控制点或地方控制点，首级控制网不应低于一级。

（4）加密控制网可越等级布设或同等级扩展。

（5）平面控制网的坐标系统应满足主测区投影长度变形不大于2.5cm/km的要求。

2.4.2.7 高程控制测量。

（1）高程控制测量的精度等级依次分为二等、三等、四等、五等。各等级高程控制宜采用水准测量方法。

（2）场区首级高程控制的精度等级不应低于四等，且应布设成环形网。

（3）起算点高程联测的精度不低于测区首级高程控制等级。

2.4.2.8 地形图测量。

（1）地形图上地物点对于邻近图根点的平面位置中误差不应超过表2.4-2的规定。

表 2.4-2　图上地物点的点位中误差　　　　　　　　　　　　　　　mm

区域类型	一般地区	建筑区	水域
点位中误差	0.8	0.6	1.5

（2）等高线插求点或相对于邻近图根点的高差中误差不应超过表2.4-3的规定。

表 2.4-3　等高线插求点的高程中误差　　　　　　　　　　　　　　mm

区域类型	平地	丘陵地	山地	高山地
点位中误差	$(1/3)H_d$	$(1/2)H_d$	$(2/3)H_d$	$1H_d$

注　H_d 为地形图的基本等高距。

（3）地形点的最大点位间距的要求应符合表2.4-4的规定。

表 2.4-4 地形点最大点位间距
m

比例尺	1：500	1：1000	1：2000
点位中误差	15	30	50

（4）地形图高程测点注记，当等高距为0.5m时应取位至0.01m，等高距大于0.5m时应取位至0.1m。

2.4.2.9 图根控制测量。

（1）图根点相对于邻近等级控制点的点位中误差不应大于图上0.01mm，高程中误差不应大于测图基本等高距的1/10。

（2）每整幅图控制点的数量宜符合表2.4-5的规定。

表 2.4-5 控制点数量

测图比例尺	图幅（cm×cm）	全站仪测图（个）	GPS-RTK 测图（个）
1：500	50×50	2	1
1：1000	50×50	3	2
1：2000	50×50	4	2

注 1. 对于小测区，图根控制可作为首级控制。

2. 担负地图的小测区控制点数量不应少于3个。

2.4.2.10 野外数据采集。

（1）基本要求。

1）地形图碎部点高程注记至0.01m。

2）地形要素测绘与表示，要按规范与图式执行。

3）地形图测绘完成后，作业员应详细地进行自我检查与整理，测区要统一对所测图幅进行检查。

4）地形图内容表示要合理、齐全、综合取舍要恰当，主次分明。地貌测绘要正确，表示要合理，微貌显示要逼真。

（2）数据采用方法。

1）地形图内容的测绘和取舍按照《1：500、1：1000、1：2000外业数字测图规程》（GB/T 14912）的要求进行全要素测绘，并着重显示与本次设计有关的要素。

2）外业数据的采集对居民地、工业区、独立地物、管线及垣栅、道路、水系、土质地貌、植被等各种地物地貌要素进行全野外数据采集。并且尽可能用仪器直接进行采集数据，在无法观测到的地形点、地物点采用方向交会法、边长交会法进行处理，地类、地物等其他属性则采用实地调绘再内业录入的方法，各要素的表示方法和取舍原则根据具体项目测量任务书执行。

3）在空旷地区且能满足RTK测量条件的地方，直接采用RTK技术采集碎部点三维坐标数据，并将采集的碎部点按编码存入电子手簿。

4）在居民区或RTK信号较差的地方采用全站仪采集数据。使用全站仪在各级控制点上设站、定向、检查，采用极坐标法采集地形、地物点三维坐标，利用全站仪内部存储器记录地形、地物点观测顺序号、三维坐标和编码，在野外现场绘制草图，并标注观测顺序号。测站上要记录观测错误的数据的顺序号，以便内业进行数据删除。数据采集时，地物点、地形点测距的最大长度应不超过200m，应遵守"看不清不测"的原则。

2.4.2.11 数据处理。将RTK手簿记录数据传输至计算机，对采集的数据进行检查，删除错误数据后，将数据格式转换为南方CASS软件数据DWG格式，利用软件展绘野外采集数据点号（即观测顺序号或编码）。

2.4.2.12 图形编辑。对照野外绘制的草图，利用展绘到计算机软件上的点号（或编码）进行地形图的编辑，根据相应图式、规范和设计书要求对地物进行分层、编码。

2.4.2.13 埋石要求。本测区GPS网点均应设置固定标志，标石顶面中心设置中心标志；在平坦地区，GPS点点位选择与墩标埋设须同时满足水准测量的有关要求。

2.4.2.14 地形测量测绘内容及取舍。地形图测绘方法、要求，以及内容取舍按《工程测量标准》（GB 50026）第四章执行，独立地物能按比例尺表示的，应实测外廓，填绘符号；不能按比例尺表示的，按《国家基本比例尺地图图式 第1部分：1：500、1：1000、1：2000地形图图式》（GB/T 20257.1）准确表示其点位；高程注记点每格不得小于10个；等高线的计曲线必须标注高程。

2.4.2.15 碎部测量主要技术要求。

（1）居民地是地形图重要地物要素，各类建构筑物及主要附属设施应按实地轮廓准确测绘。

（2）房屋以墙基为准，并按建筑材料和质量分类，房屋一般不综合，应分间表示，临时性建筑物可舍去。房屋和建筑物轮廓在图上小于0.4mm、简单房屋在图上小于0.6mm可用直线连接。

（3）独立地物是判定方位、确定位置、指示目标的重要标志，必须准确测绘和按规定的符号正确地加以表示。

（4）永久性电力线、通信线均需表示，电杆、电塔位置必须实测，同一条杆上有多种线路时，表示其主要线路，图面上各种线路之走向应连贯、类别分明。建筑区内电力线、通信线不连线，在杆架处绘出线路方向。地面及架空管线均需表示，并注记输送物质，地下管线检测井等均需测绘。围墙、永久性广告牌、栅栏、栏杆、篱笆和活树篱笆等均应测绘。

（5）铁路、公路、大车路、乡村路均应测绘。铁路铁轨、公路路中及交叉处、桥面、里程碑等应测绘高程注记点、涵洞应测注底面高程。公路及其他双线道路在图上均按实际宽度依比例尺表示。公路及街道按其路面材料划分为水泥、沥青、碎石、硬砖、砂砾和土路等，以文字注记在图上。等级公路应注明等级、代码和编号。铺装材料改变处应用点线分隔，主要道路须注明走向。国道路面、路肩应绘制四条线条，路面线不得中断。铁路与公路或其他道路在平面相交时，铁路符号不中断，而将另一道路符号中断。不同水平相交的道路交叉点，应绘以相应桥梁、通道符号。路堤、路堑均按实地宽度绘出边界，并在其坡顶、坡脚适当注记高程。公路、大车路、铁路通过居民地不宜中断，应按真实位置绘出；小路可中断在进出口处；市区街道应将永久性的安全岛、人行道、绿化带及街心花园等绘出。有围墙栏栅的公园、工厂、机关、学校等内部道路；除通行汽车的主要道路外全部按内部道路测绘。

（6）河流、溪流、湖泊、水库、池塘等都应测绘，沟宽在图上小于0.5mm的以单线表示。水涯线按测图时的水位测定并标注测绘时间。水渠应测渠道边和渠底高程、堤坝应测注顶部及坡脚高程，泉、井应测注泉之出水面及井台的高程；池塘应测注塘底高程。

（7）石堆、土堆、陡崖、坑穴、冲沟、山洞、石灰岩溶斗、崩岩、滑坡等特殊地貌和人工修筑的梯田、陡坎、斜坡等用相应的符号表示。冲沟底部应测注高程点，较大的可用符号和等高线配合表示。梯田坡坎顶及坡脚宽度在图上大于2mm时，应实测至坡脚。各种天然形成和人工修筑的坡坎，其坡度在70°以上时，可表示为陡坎，70°以下的表示为斜坡。斜坡在图上投影小于2mm时也可用陡坎表示。坡坎比高小于1/2等高距或在图上短于5mm时可以舍去。坡度在70°以下的石山和天然陡坎，可用等高线配合符号表示。露岩地、独立石、倒石堆、坑穴、陡坎、斜坡、梯田坎等应在上下分别注记高程或比高。

（8）地形图表示的各种树木名称、苗圃、灌木丛、散树、独立树、行树、竹林、经济林等，应正确反映分布状况；芦苇地、花圃、草地、沼泽地应表示在地形图中；树林要标注树的种类、高度。农业用地分稻田、旱地、菜地、经济作物和水生经济作物地等，表示作物以夏季作物为准，地形图田埂宽度在图上大于1mm用双线表示，田块内应测注有代表性的高程点。水田田埂不分大小均须测出。山地应测出各种特征点山顶、山脊、山梁、山谷、鞍部都必须准确测出其位置及标注高程，山顶洼地底部应绘示坡线。

（9）地理名称及各种注记是地形图的主要内容之一，是判读地形图的直接依据。图上所有居民地、工厂、道路（包括市、镇、街巷）、山岭、沟谷、河流等自然地理名称，均需进行调查核实、正确注记。

（10）每幅图的接边均应测出图廓外5mm，自由边在测绘过程中应加以检查，确保无误。

（11）地形图中应注记导线点、水准点编号及其高程，以及在测图范围内的国家三角点和水准点等位置及其注记。

2.4.2.16 提交成果资料。

（1）控制点成果表1份（纸质）；

（2）控制点点展图1份（纸质）；

（3）图幅结合表1份（纸质）；

（4）地形图总图1（纸质）份；

（5）地形图及总图数据光盘（DWG文件）1份；

（6）分幅图1套（纸质）；

（7）测区技术设计书1本（纸质）；

（8）测区检查验收报告1本（纸质）；

（9）测区技术总结报告1本（纸质）；

（10）控制点点之记1份；

（11）上述成果电子版1份。

2.5

土建工程

2.5.1 应根据建（构）筑物的重要性提出结构安全等级、抗震设防分类、设防烈度、防洪等级等。

2.5.2 风电机组基础形式及地基处理方案应符合以下规定：

2.5.2.1 风电机组设计应严格按照现行能源行业标准《陆上风电场工程风电机组基础设计规范》（NB/T 10311）及相关国家、行业、地方规程、规范的规定进行设计。对于湿陷性土、冻土、膨胀土、盐渍土和处于侵蚀环境、受温度影响的地基等，应符合国家、行业、地方现行有关标准的要求。

2.5.2.2 采用天然地基时，可采用圆形扩展基础和肋梁式基础。

2.5.2.3 湿陷性黄土宜采用桩基础或灰土换填垫层法进行地基处理，并应做好风电机组基础的防水和散水处理，散水宽度应超出基础底边缘1m以上。湿陷土层超过3m时，宜优先采用桩基础。

2.5.2.4 以淤泥质土、粉细砂、冲填土及杂填土等高压缩性土为主的软弱地基，宜采用预应力高强混凝土管桩（PHC）或钻孔灌注桩。

2.5.2.5 浅表地层承载力较低，土质松散，厚度较大，难以挖除，但下卧层条件较好的地基宜选用复合地基，复合地基可采用水泥土搅拌法、水泥粉煤灰碎石桩法（CFG桩）、高压喷射注浆法。

2.5.2.6 当基础范围内存在对地基稳定性有影响的岩溶洞穴时，应根据溶洞的位置、大小、埋深、围岩稳定性和水文地质条件综合分析，因地制宜采取下列处理措施：宜采用镶补、嵌塞等方法处理。可采用素混凝土、毛石混凝土、级配碎石等填筑的方式进行处理。对规模较大的洞穴，宜调整基础位置避开洞穴。

2.5.3 风电机组基础设计应满足下列规定：

2.5.3.1 基础设计所依据风机荷载为招标后风机厂家提供的荷载，风电机组基础与塔筒的连接型式应与业主、风机厂家召开联络会确定。抗震设防烈度7度以上场地宜根据主机厂家提供地震荷载进行基础设计。

2.5.3.2 同一风电场风电机组基础地基出现复杂地质情况、采用非常规风电机组基础方案或与前期阶段方案存在较大差异时，应提供地基基础设计专题报告。

2.5.3.3 风电机组基础设计应对上下锚板局部压应力及锚栓强度进行复核。高强预应力锚栓应满足强度要求，并在任何工况下均不应出现松弛现象。锚栓预拉力和单根锚栓受拉承载力应满足《陆上风电场工程风电机组基础设计规范》（NB/T 10311）的要求。风力发电机组基础设计应对单根锚栓受拉承载力进行复核。

2.5.3.4 风电机组基础材料要求：混凝土宜采用C40混凝土及以上，钢筋宜采用HRB400E钢筋。当地下水、土对结构具有腐蚀性时，应根据《工业建筑防腐蚀设计标准》（GB/T 50046）进行防腐设计。

2.5.3.5 风电机组基础应通过防止混凝土受湿、采用高强度的混凝土和引气混凝土等措施确保抗冻性。

2.5.3.6 风电机组洪水设计标准，应根据风力发电机组地基基础的设计等级确定，具体要求应符合《风电场工程等级划分及设计安全标准》（NB/T 10101）的规定。陆上风力发电机组电气设备的底座标高，宜高于风力发电机组地基基础设计洪（潮）水位加相应的安全超高0.5m，并应高于最高内涝水位；当受江、河、湖、海的风浪影响时，标高还应加相应重现期的波浪爬高。当不能满足此要求时，应有可靠的防洪措施。

2.5.3.7 风电机组基础应设置测温点，测温点应不少于4处，位置应沿基础半径均匀布置，同时兼顾基础中心、基础边缘、基础台柱变化处等不同位置。每个测温点应测量基础上中下三处不同的温度，上、下测温点距离混凝土表面距离宜为50mm，中部测温点布置在中心位置。

2.5.3.8 风电机组基础环及锚栓笼防水密封防水应依据主机厂家要求进行设计。

2.5.3.9 风电机组基础设计文件中还应增加风电机组基础施工技术要求的相关内容，并明确基础施工应一次浇筑完毕，不留施工缝。

2.5.3.10 风电机组基础的地基动态刚度应符合风机动力性能的要求；设计应对塔筒连接件与基础的连接按规范要求进行复核。

2.5.3.11 位于斜坡上的风力发电机组基础，应对边坡进行稳定复核，基础边缘与坡面的水平距离不宜小于3.0m。

2.5.4 风电机组变压器基础设计应满足下列规定：

2.5.4.1 风电机组变压器基础宜采用箱形基础，宜为砌体结构和钢筋混凝土基础，严寒地区应采用钢筋混凝土结构。

2.5.4.2 在地下水位较高或降雨较多的地区，应做好基础防水处理，或采用抬高基础的设计方案。

2.5.4.3 箱式变压器基础防洪（潮）水位的选取同风电机组基础，必要时抬高机组变压器基础。

2.5.4.4 当机组变压器采用油浸式箱式变压器且单台油量为1000kg以上时应设置集油池，容量满足机组变压器的全部油量。集油池应大于变压器部分轮廓各1m。

2.6

电气设计

2.6.1 风电场电气主接线

2.6.1.1 风电场风电机组的升压统一采用一机一变的单元接线形式。

2.6.1.2 根据场区现场条件和风电机组布局来确定集电线路方案，包括通过技术经济比较确定集电线路回路数与电压等级。一般每回集电线路输送容量35kV宜小于25MW，个别如地形复杂的山区风电场由于建设条件限制可综合考虑投资与损耗后每回输送容量作适当加大。

2.6.2 风力发电场设备选择

2.6.2.1 风力发电场风力发电机组与机组变压器应符合《风电场工程电气设计规范》（NB/T 31026—2022）中5.3的要求。

2.6.2.2 变压器宜选择自冷式、无励磁调压、低损耗电力变压器。变压器能耗水平应满足《电力变压器能效限定值及能效等级》（GB 20052）中的能耗要求。

2.6.2.3 场内升压变压器采用油浸绝缘升压变压器，推荐采用箱式结构形式，场内箱式变压器接线要求按风电机组厂家要求配置，箱式变压器型式可选用美式、欧式或华式箱式变压器。在沿海区域或高海拔地区可选用欧式箱式变压器，在内陆等环境条件许可的情况下，为节约投资，选用具有华式箱式变压器或美式箱式变压器。环境条件许可的地区也可采用独立式变压器、高低压侧配相应开关设备的形式。常用的箱式变压器有美式箱式变压器／欧式箱式变压器／华式箱式变 压器三种特性，如表2.6-1所示。

表2.6-1　常用箱式变压器特性一览表

名称	特点	推荐适用电站
美式箱式变安器	结构紧凑体积小、安装方便，箱体散热性能好，适用性强，运行维护简单	平地，沙漠，丘陵
欧式箱式变压器（干式变压器）	采用各单元相互独立的结构，安装方便，性能可靠、防护能力强；发生故障，更换方便，高压负荷开关可进行遥控操作	水面，农（林、牧）光互补，沿海及其他特殊要求
华式箱式变压器	构紧凑体积小、安装方便，性能可靠，箱体散热性能好，高压负荷开关可进行遥控操作	平地，沙漠，丘陵

2.6.2.4 一般情况下，机组变压器的接线型式宜采用Dyn型，如风力发电机组厂家有特殊要求，可针对风力发电机组要求，采用其他型式。

2.6.2.5 机组变压器高压侧调压方式宜采用无励磁调压。

2.6.2.6 机组变压器的容量应按风力发电机组的额定视在功率选取，机组变压器的推荐容量宜按1.1倍风力发电机组额定功率选择。

2.6.2.7 根据变压器容量大小，箱式变压器高压侧采用负荷开关－熔断器组合电器或真空断路器；低压侧采用空气断路器保护；高低压侧均要求配有过电压保护器或避雷器。负荷开关转移电流的参数应满足《高压交流负荷开关 熔断器组合电器》（GB /T 16926）的有关规定，容量大于等于3150kVA以上的箱式变压器高压单元宜采用隔离开关＋真空断路器保护方式。

2.6.2.8 风电机组和箱式变压器的380/220V自用电源取自各自所带的干式变压器，采用单母线接线。当风电机组用电由箱式变压器提供或机组变电单元安装在风机机舱或塔筒内时，自用变压器宜统一考虑，该干式变压器容量应满足风电机组要求。箱式变压器宜采用电力专用在线式UPS电源，为箱式变压器测控、保护设备提供交流电源。UPS电源容量为2kVA，内置蓄电池，蓄电池容量应能满足120min停电需求。

2.6.2.9 在高海拔地区，应采用高原型变压器，并对箱式变压器及相关配电装置的外绝缘和温升进行修正。

2.6.2.10 机组变压器的防护等级应不低于IP54，沿海风力发电场的机组变压器的防护等级应不低于IP65，可视具体环境条件而提高；高、低压室门打开后应不低于IP3X。沿海或海岛风电场箱式变压器应采用"三防"油漆，防腐等级C4以上。

2.6.2.11 扩建项目中，应对风力发电场的短路电流水平进行复核，电气设备的规格和型式宜与前期工程保持一致。

2.6.2.12 35kV机组变压器的设备参数宜按照表2.6-2进行选择。

表 2.6-2　35kV 机组变压器设备参数

序号	名称	规格型号
1	类型	低损耗三相变压器
2	绕组形式	双绕组（铜质）
3	调压方式	无励磁调压
4	一次侧额定电压（kV）	37 ±（2 × 2.5%）（37kV为主变压器低压侧参考母线电压）
5	一次侧最高工作电压（kV）	40.5
6	联结组标号	Dyn11
7	额定频率（Hz）	50
8	35kV 侧设备（单机容量3.15MW及以下）	35kV 负荷开关 + 熔断器
9	35kV 侧设备（单机容量3.15MW以上）	35kV 断路器
10	0.69~1.14kV 侧设备	框架断路器

2.6.2.13 机组变压器高压侧应根据变压器容量及其控制保护要求设置可远方操作的负荷开关或断路器设备及其配套的电流互感器、电压互感器及避雷器设备。

2.6.2.14 当机组变压器单元所配设备无明显断点时，应在靠集电线路侧设置隔离开关。当采用跌落式熔断器时，应选用防风型，具备条件时宜配置三相联动操动机构。

2.6.3 风机与箱式变压器电缆连接

2.6.3.1 风机与箱式变压器的动力电缆连接应根据风机厂家的基本提资要求进

行选择，应采用铜芯电缆进行连接。动力电缆应选择带铠装层的电缆，三芯为钢带铠装，单芯为非磁性铠装。风机与箱式变压器的电缆可从风机塔筒门下方或基础内埋管出线，当采用塔筒门下方出线时，应采用不锈钢电缆桥架保护。针对风机位置石方较多的场地，动力电缆及光缆应采用高强度PE管保护。

2.6.3.2 电缆终端宜选用冷缩型或预制型，冷缩型电缆终端耐压水平宜适当提高。

2.6.3.3 对于华式变压器，应配置箱式变压器保护测控装置，宜布置在箱式变压器本体，同步配置UPS电源，确保箱式变压器投运前，箱式变压器保护测控装置带电正常运行。箱式变压器保护测控装置通过通信电缆接入风机就地监控柜。通信电缆应穿高强度PE管敷设。

2.6.3.4 对于美式箱式变压器，箱式变压器本体信号需要通过硬接线方式接入风机就地监控柜内，一般采用三根控制电缆（遥控、遥信、遥测各一根电缆），控制电缆应穿高强度PE管敷设。

2.6.3.5 箱式变压器的布置高程应满足洪水位要求。针对架高设计的箱式变压器，风机至箱式变压器的电缆可采用电缆桥架直接敷设到箱式变压器基础底部进行连接安装。

2.6.4 风力发电场电气设备布置

2.6.4.1 机组变压器的布置应与集电线路、进场道路和风力发电机组施工吊装位置相协调。

2.6.4.2 选用油浸式变压器时，机组变压器距风力发电机组塔筒中心距离宜为15m，净间距不应小于10m。在满足防火要求的前提下，机组变压器宜靠近风力发电机组塔筒布置。沿海地区及征地困难时，机组变压器直接安装在风机基础平台上，机组变压器与风力发电机组塔筒之间设置防火墙。

2.6.4.3 风电机组及机组变压器的防火设计应符合现行《风电场设计防火规范》（NB 31089）、《电力设备典型消防规程》（DL 5027）和《防止电力生产事故的二十五项重点要求》（国能发安全〔2023〕22号）的相关规定。

2.6.5 风力发电场过电压保护及接地

2.6.5.1 风机及箱式变压器过电压保护与接地设计应符合现行《交流电气装置的

过电压保护和绝缘配合设计规范》(GB/T 50064)、《交流电气装置的接地设计规范》(GB/T 50065)、《风力发电场集电系统过电压保护技术规范》(NB/T 31057)和《风力发电机组接地技术规范》(NB/T 31056)的相关规定。

2.6.5.2 机组变压器宜与风力发电机组共用防直击雷保护。

2.6.5.3 机组变压器的高、低压侧均应装设避雷器,其中低压侧可选装低压浪涌保护器,检修变压器低压侧220/380V系统应设置低压浪涌保护器。

2.6.5.4 风力发电机组的接地应符合以下规定:

(1)风力发电机组的工作接地、保护接地和雷电保护接地应共用一个总的接地装置,风机基础外侧应敷设以水平接地极为主、垂直接地极为辅的环形人工接地网,人工接地网应至少有3根接地干线引至塔筒底部总的等电位接地装置。

(2)风力发电机组接地网的工频接地电阻应不大于4Ω,冲击接地电阻不大于10Ω。

(3)风力发电机组塔筒及内部盘、柜和电气设备外壳均应接地。

(4)风力发电机组机舱内应设等电位连接网络,等电位连接网络内所有导电的部件均应相互连接。

(5)风机塔筒内接地材料的预留长度需满足风机厂家接地的需求。

2.6.5.5 机组变电单元的接地应符合以下规定:

(1)机组变电单元应设置以水平接地极为主的人工接地网,其与风力发电机组的接地网的连接点应不少于2处。

(2)机组变电单元设备外壳均应接地,机组变电单元与接地网的连接点距离风力发电机组塔筒与接地网的连接点,接地导体沿地中距离长度应不小于15m。

2.6.5.6 高土壤电阻率和腐蚀性较强时的技术要求:

(1)对于高土壤电阻率地区,常规接地方案不能满足要求的风电场,应进行专题研究论证,提出具体解决措施。

(2)对土壤电阻率较大的场地,采用普通的接地材料进行降阻达不到要求时,可以采用延长接地网、换填低电阻率土壤、增加离子接地极、物理降阻剂、接地深井等措施进行降阻。若采用以上降阻措施后,仍无法满足设计要求时,宜将风机基础外部接地工程进行单独招标,通过专业分包方式,确保接地电阻满足设计要求。

（3）当土壤或土壤中的水对钢结构存在中腐蚀或强腐蚀时，接地应根据《交流电力工程接地防腐蚀技术规范》（DL/T 2094）进行设计，需经技术经济比较后推荐最终的接地材料材质。

2.6.6 风电机组与机组变压器的监控与保护

2.6.6.1 风电机组和机组变压器的就地控制、保护、测量设备及监控系统的具体要求应满足《风电场工程电气设计规范》（NB/T 31026）规定。风力发电场涉网设备接入电力系统应符合《风电场接入电力系统技术规定》（GB/T 19963）的有关规定和有关主管部门的接入系统批复（审查意见）的要求。

2.6.6.2 风电机组的控制功能应符合《失速型风力发电机组 控制系统 技术条件》（GB/T 19069）的相关规定。风电机组的监测系统功能应符合《风力发电机组 第1部分：通用技术条件》（GB/T 19960.1）的相关规定。风电机组的保护配置应符合《风力发电机组 设计要求》（GB/T 18451.1）及《并网风电场继电保护配置及整定技术规范》（DL/T 1631）的相关规定。

2.6.6.3 机组变压器的保护配置应符合国家现行标准《风力发电场设计规范》（GB 51096）的有关规定。机组变压器内应配置保护测控一体化装置，保护测控一体化装置应具备完善的电流速断、过电流保护、非电量保护等功能。

2.6.6.4 风电场计算机监控系统。

（1）风电场内机电设备分风电机组监控系统和升压站监控系统两个局域网进行监控。两局域网结构上相对独立，均宜采用分层、分布、开放式结构。风电机组监控系统的监控范围包含风电机组和箱式变压器，升压站监控系统的监控范围包含升压站内全部输、变、配电设备及站内其他智能设备，风电机组监控系统与升压站监控系统应进行通信，实现风电场一体化监控。

（2）风电机组的监控系统一般由风电机组制造商配套提供，主要由中央站控层设备、风电机组现地间隔层设备和网络通信设备等构成。中央站控层设备宜按远景规模配置，风电机组现地间隔层设备按工程实际建设风电机组数量配置。中央站控层设备包括SCADA系统服务器、操作员工作站、Web服务器、打印机等，其中操作员工作站按双套冗余配置。网络设备包括网络交换机、光/电转换器、接口设备和网络连接线缆、光缆及网络安全设备等。风电机组现地间隔层设备包括风电机组现地PLC设备等。

（3）风电机组监控的组网宜统一考虑，应采用光纤环网结构。风电机组监控光纤组网宜根据集电线路路径和分组情况分成若干组，也可适当合并组网，每组形成独立的光纤子环。通信介质采用单模光缆，光缆的选型宜随集电线路选用架空或地埋。

2.6.6.5 按照《电力监控系统安全防护规定》（国家发展和改革委员会令2014年第14号），计算机监控系统原则上划分为生产控制大区和管理信息大区，并根据业务系统的重要性和对一次系统的影响程度将生产控制大区划分为控制区（安全区Ⅰ）及非控制区（安全区Ⅱ），坚持"安全分区、网络专用、横向隔离、纵向认证"总体原则，重点强化边界防护，同时强化系统综合防护，提高厂站电力监控系统内部安全防护能力，保证电力生产控制系统及重要数据的安全。每台风机及升压箱式变压器内均应配置纵向加密认证装置，满足国调中心网络安全防护的要求。

2.6.6.6 风电场元件保护。

（1）风力发电机保护配置。风力发电机组的保护装置随风电机组配套供货，应具备速断、过电流和过负荷保护、低电压和过电压保护、低频和高频保护、三相电压不平衡保护、故障和高低电压穿越、温度保护、振动超限保护、超速保护、电缆非正常缠绕和传感器故障信号等功能。当速断、过电流、低电压和过电压、低频和高频、三相电压不平衡、温度过高、振动超限、超速等保护动作后，发出相应动作信号，跳开风电机组出口断路器，并停机。当过负荷保护、温度高报警信号、电缆非正常缠绕和传感器故障信号等动作后发出报警信号。风电机组的保护定值应与电网保护相匹配。

（2）箱式变压器保护配置。

1）根据《继电保护和安全自动装置技术规程》（GB/T 14285）和《并网风电场继电保护配置及整定技术规范》（DL/T 1631）的要求，风电机组箱式变压器应采用可靠的保护方案，确保风力发电机故障的快速切除。

2）箱式变压器高压侧未配有断路器时，其高压侧可配置熔断器加负荷开关作为变压器的短路保护，应校核其性能参数，确保满足运行要求。

3）箱式变压器高压侧配有断路器时，应配置变压器保护装置，具备完善的电流速断、过电流和过负荷保护功能。

4）风电机组单元变压器低压侧设置空气断路器时，可通过电流脱扣器实现风机出口至变压器低压侧的短路保护。

5）配置非电量保护。

2.6.7 风电场通信系统

2.6.7.1 风力发电场场内通信设计应满足集团公司远程集控中心的具体要求，同时满足接入系统意见。

2.6.7.2 风电场内通信应包含场内生产调度、管理通信系统和风电场数据通信。

2.6.7.3 风电场分散布置的电气设备之间及其与监控中心/集控中心的数据通信应通过通信光缆/电缆连接实现。通信速率应满足实时监控的要求。

2.6.7.4 线路采用架空方式时，光缆应采用OPGW；线路采用地埋方式时，光缆型号应采用GYFTA53；进入升压站/开关站时，光缆型号应采用GYFTZY。

2.6.7.5 风电场光纤环网通信，应采取"跳接"接线方式，控制环网交换机之间的光缆长度。如光缆长度超过20km，需要与风机厂家沟通，明确处理方案。

2.6.7.6 利用风电场光纤环网中现有光缆的备用芯，在站内部署一台交换机，在每台风机处分别独立部署一台交换机及一台无线路由器，从站内到每台风机搭建一个无线办公网络。风机无线办公网络系统与现有的生产网络使用不同设备，在物理上互相分离，互不影响。

2.6.8 风电场视频监控系统

2.6.8.1 在各个风电机组的关键位置如塔基、机舱、塔筒门外等分别安装网络高清摄像头，并分别连接至机组内的网络交换机，可通过风电场内的光缆网络与布置在升压站/开关站内的视频监控服务器进行通信，服务器（NVR）对前端视频数据进行存储，在操作端进行监控图像的显示。在塔基内安装红外双鉴探测器，当有人员侵入时，可产生报警信号，并发出声光报警。相关设备应满足《安全防范工程技术标准》（GB 50348）的要求。

2.6.8.2 视频安防监控系统设置应符合《视频安防监控系统工程设计规范》（GB 50395）的有关规定，并应具有对图像信号的分配、切换、存储、还原、远传等功能。

2.7

集电线路

2.7.1 总体设计原则

2.7.1.1 本部分内容适用于风电场场内10、35、66kV电压等级的集电线路设计。

2.7.1.2 场内集电线路根据环境条件选用电缆或架空线，一般主干线优先采用架空线路，经过技术经济方案比选后，分支回路可采用电缆；对于特殊路径段（如输送电力容量较小的路径段）的场内集电线路采用电缆或架空线路应进行技术经济比较后确定。

2.7.1.3 风力发电场场内通信设计宜依照"远程集控、远程诊断、少人维护"风力发电执行，同时满足接入系统意见。

2.7.1.4 集电线路仅考虑与微观选址报告收口版中的正选机位相连。

2.7.1.5 根据场区现场条件和风电机组布局来确定集电线路方案，包括通过技术经济比较确定集电线路回路数与电压等级。一般每回集电线路35kV输送容量宜小于25MW，个别如地形复杂的山区风电场由于建设条件限制可综合考虑投资与损耗后每回输送容量作适当加大。集电线路压降损失宜控制在5%以内。

2.7.1.6 采用架空线路时，架空线路经过耕地及村庄附近，导线弧垂最低点距离地面不小于10m，其余对地距离和交叉跨越的距离应满足《66kV及以下架空电力线路设计规范》（GB 50061）的要求。

2.7.1.7 集电线路边导线与风机之间的安全距离应不小于50m，风机叶片与杆塔塔头及地线的安全距离不宜小于3m。

2.7.1.8 集电线路宜布置在道路的一侧，尽量避免来回跨越（电缆下钻）风场道路；杆塔尽量布置在山坡阳面，并考虑微气象条件的影响。

2.7.1.9 对于长距离电缆线路段，原则上每2km内（根据中间接头位置调整）装设1台电缆分接箱替换电缆接头井。

2.7.1.10 风电场集电线系统过电压保护应满足现行《风力发电场集电系统过电压

保护技术规范》（NB/T 31057）和《多雷区风电场集电线路防雷改造技术规范》
（NB/T 10590）的相关规定。

2.7.2 总体方案

2.7.2.1 在政府规划许可时，丘陵、河网泥沼、荒漠平原地区一般采用以架空线路为主的方案。

2.7.2.2 海岸滩涂、高山峻岭地区，可采用架空线路与地埋电缆线路相结合的方案。

2.7.2.3 保护区、景区等周边有景观要求以及重覆冰区域等不适合采用架空的地区，可全线采用地埋电缆的方案。风电场内35kV电缆优先采用铝芯电缆。

2.7.2.4 永久性征地赔偿费用较高、架空线路施工难度较大的地区可采用地埋电缆方案。

2.7.2.5 应重点排查影响线路路径及方案的限制性因素，如压覆矿、保护区、基本农田、林地、坟地、军事设施、高速公路、铁路、已有高压线路等。

2.7.2.6 应结合升压站/开关站站址情况，对集电线路路径方案进行不少于两个方案的技术经济比选，并给出推荐方案。

2.7.3 气象条件

2.7.3.1 气象条件选择，应收集风电场所在地气象站历年气象资料，确定最高气温、最低气温、年平均气温、最大风速、最大覆冰、雷暴日、最大冻土深度、地表水深度的数据。

2.7.3.2 应结合地形判断是否存在微气象条件。长线路宜选用相应区段的气象条件。

2.7.3.3 宜借鉴当地成熟运行经验的输电线路气象条件。

2.7.4 导线和地线

2.7.4.1 架空线路导线应结合各回输送容量和电压损失分段选用导线截面，同一个工程中导线型号不宜超过三种。

2.7.4.2 导线材质应优先选用钢芯铝绞线。

2.7.4.3 35kV及以上架空线路地线应考虑通信的要求，采用OPGW地线（单回线路不少于24芯，双回线路不少于48芯）；10kV架空线路可采用ADSS作为通信线。

2.7.4.4 导线防振：按技术经济条件，选取导线的安全系数、最大使用应力和平均运行应力，并结合风电场内的地形、地貌及使用挡距情况，确定导线的防振措施。地线的防振措施原则上与导线相同。

2.7.5 绝缘配合

2.7.5.1 按照线路所在地的污秽等级、雷暴日、海拔等计算绝缘子片数，绝缘子应采用瓷质耐污绝缘子或玻璃质耐污绝缘子。

2.7.5.2 线路经过农田或者村庄附近不得采用玻璃质绝缘子。悬垂绝缘子第一片应采用大帽型。同塔双回的两回线路应采用不平衡绝缘配置。

2.7.5.3 导、地线金具采用《金具手册》中国产定型产品。绝缘子串宜优先采用国家电网公司或南方电网公司通用模块。

2.7.6 架空线路抗风、抗冰、防雷措施

2.7.6.1 架空线路应采取的抗风措施

（1）导线、地线固定处应加装预绞丝护线条进行保护。

（2）针对挡距大、高差大的架空线路段，适当采用相间间隔棒。

（3）导线、跳线、引下线、避雷器接地引线、电缆屏蔽线的弧垂长度需尽量减少。

（4）铜铝过渡线夹应采用面贴面型线夹（钎焊型线夹）。

（5）铁塔上应采用防风型跌落式熔断器或隔离开关；采用有明显断开点的华式箱式变压器时，铁塔上可不配置跌落式熔断器或隔离开关。

2.7.6.2 架空线路应采取的抗冰措施

（1）尽量避开暴露的山顶、横跨垭口、风道等容易形成严重覆冰的微气象地段。

（2）重点关注风口、高落差、大档距区域，可提高杆塔材质强度，减少线路档距；增加线路耐张塔数量；转角角度不宜过大，耐张段不宜超过3km。

2.7.6.3 架空线路应采取的防雷、防鸟害措施

（1）在架空地线与铁塔之间加装跨接线。

（2）应选择大爬距的绝缘子。

（3）在山顶、空旷、高差大等易发生雷击的线路段，应增加线路避雷器。在较长架空线路且雷暴较多区段，原则上每千米加装1组。避雷器应加装放电计数器。

（4）悬挂式避雷器应与绝缘子并联安装，不得将避雷器替代悬垂绝缘子串使用。

（5）鸟害地区的杆塔应加装防鸟刺或驱鸟器。

2.7.7 杆塔和基础

2.7.7.1 架空线路杆塔应采用国家电网公司或南方电网公司成熟塔型，超出原杆塔设计条件时需重新复核验算。

2.7.7.2 铁塔、连接螺栓及接地引下线应采用热镀锌防腐工艺。铁塔8m及以下应采用防盗螺栓，8m以上应配防松螺母。

2.7.7.3 杆塔基础应根据不同的地质条件采用适宜的基础型式，有条件地区应优先采用原状土基础。山区高差较大区段的铁塔应采用长短腿设计。

2.7.8 电缆上塔和接地

2.7.8.1 跌落式熔断器（或柱上隔离开关）的安装高度一般为距离地面5~6m，平原区取高值，山区取低值。

2.7.8.2 导线下塔段的支撑绝缘子距离不宜大于2.0m；支撑绝缘子端部配置专用导线夹具。

2.7.8.3 集电线路铁塔应逐基接地，铁塔接地电阻值不大于10Ω，其中风电场侧风机电缆上塔处铁塔和升压站/开关站侧终端塔接地电阻值应不大于4Ω。铁塔与接地引线采用双螺栓连接。

2.7.9 地埋电缆及地埋光缆

2.7.9.1 风电场内电缆宜沿道路敷设，经过农田地区的电缆应加大埋深，保证电缆敷设于耕种层以下。

2.7.9.2 终端塔至升压站/开关站的电缆应采用铜缆，截面大于$300mm^2$的进站电缆宜采用单芯电缆。三芯电缆采用两端直接接地，单芯电缆采用一端直接接地，另一端保护接地。

2.7.9.3 寒冷地区电缆应具备防寒功能，鼠蚁害地区电缆应具备防鼠蚁功能。接入充气式开关柜时，电缆终端应采用插拔头型式。

2.7.9.4 风电场内通过箱式变压器直接串接的风机数量较多且存在电缆回转较大时，宜增加电缆分接箱连接。电缆分接箱的防护等级宜与箱式变压器相同，且不应低于IP54。电缆分接箱应配置防误操作电磁锁；主线侧需配置一组隔离开关。

2.7.9.5 电缆中间接头处应设电缆接头井，禁止电缆中间接头直埋，电缆接头井应具备防、排水功能。

2.7.9.6 场内地埋光缆型号采用GYFTA53，进站光缆型号采用GYFTZY。

2.8

道路及安装场工程

2.8.1 总体设计

2.8.1.1 道路设计内容除路面、路基、挡土墙、涵洞、排水沟、安全防护设施、行车标识外，还应包括道路的绿化及植被恢复设计。安装场设计时也应包括绿化及植被恢复内容。

2.8.1.2 道路及安装场的用地范围、绿化及植被恢复应满足项目环境影响评价、水土保持批复等相关文件的要求。

2.8.1.3 地形复杂、林木茂盛的南方山地风电场道路，优化设计阶段应进行现场路径复核。局部位于特别复杂地形时，应补充测绘1:500带状地形图。

2.8.1.4 道路路基边坡应保持稳定，必要时因地制宜设置挡土墙、护坡等工程措施，并与植物防护相结合。

2.8.1.5 应明确道路挖填引起的上、下护坡用地，道路排水系统等是否计入租地范围。

2.8.1.6 外部交通路网情况，项目选择的外部交通路线，具体离开高速公路时的收费站选择，离开收费站后设备倒运场地的选址。

2.8.1.7 应明确进场道路与外部交通、场内道路的分界点，以便区分外部道路、进场道路、场内道路起终点。明确场区所在区域路网状况，规划高等级公路入场路线，离开高速或国道等路线的收费站选择。

2.8.1.8 进场道路明确转弯、交叉口、局部路基路面宽度等不满足运输要求的拓宽位置，沿路拆移线杆和构筑物、限高、限宽等具体情况。

2.8.1.9 视项目具体需要，应合理规划集电线路杆塔施工便道路线及其相关指标的设定。

2.8.1.10 结合环水保批复合理设置弃渣场、临时堆土场。

2.8.1.11 道路建筑限界。

（1）道路的建筑限界内不应有任何障碍物侵入。

（2）道路建筑限界（见图2.8-1）应符合下列规定：

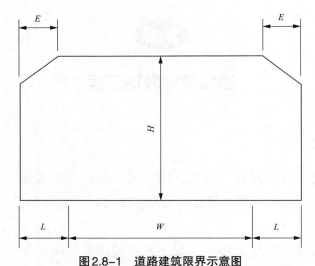

图2.8-1 道路建筑限界示意图

W—运输车辆总宽度的最大值；L—侧向宽度；E—建筑限界顶角宽度；H—净空高度

1）设置错车道时，建筑限界应包括该部分的宽度。

2）桥梁、隧道设置检修道、人行道时，建筑限界应包括相应部分的宽度。

3）道路车道的净空高度应根据运输车辆总高的最大值确定，并宜考虑0.2~0.5m安全距离。凹形竖曲线上方设有跨线构筑物时，应满足运输车辆有效净高的要求。

4）设置超高的路段，上缘边界线应与超高横坡平行，两侧边界线应与路面超高横坡垂直。

5）侧向宽度最小值应取0.25m。建筑限界顶角宽度应与侧向宽度相等。

2.8.2 道路横断面

2.8.2.1 路基横断面应由车道和路肩组成。

2.8.2.2 路基宽度应符合下列规定：

（1）风电场工程道路应采用整体式路基。

（2）路基宽度应为车道宽度与两侧路肩宽度之和。场内施工道路路基宽度应符合表2.8-1的规定。

表2.8-1　场内施工道路路基宽度　　　　　　　　　　　　　m

道路等级		路基宽度	车道宽度	单侧路肩宽度
干线道路	一般值	6.00	5.00	0.50
	极限值	5.50	5.00	0.25
支线道路	一般值	5.00	4.00	0.50
	极限值	4.50	4.00	0.25

注　1."一般值"为正常情况下的采用值；"极限值"为条件受限制时可采用的值。

　　2.道路外侧为陡坡、陡崖、遇不良地质体或填高较大时应适当加宽。

　　3.设计时应根据实际运输车辆、设备尺寸进行校验。

　　4.检修道路车道宽度不宜小于3.5m。

2.8.2.3　车道宽度除应满足表2.8-1的规定外，还应符合下列规定：

（1）施工期设置的错车道宽度不应小于7.5m，有效长度不应小于20m，过渡段长度不应小于10m。错车道坡度不宜大于5%。宜在不大于500m的距离内选择有利地点设置错车道。

（2）设置避险车道时，避险车道宽度不应小于4.0m。

2.8.2.4　路肩宽度除应满足表2.8-1的规定外，还应复核下列规定：

（1）路肩宜采用培土路肩。

（2）位于直线路段或曲线路段内侧，且车道的横坡值大于等于3%时，土路肩的横坡应与车道横坡值相同；小于3%时，土路肩的横坡值应比车道的横坡值大1%或2%。位于曲线路段外侧的土路肩横坡，应采用3%或4%的反向横坡值。

2.8.3　道路用地

2.8.3.1　道路用地应遵照保护、开发土地资源，合理利用土地，切实保护耕地，促进社会经济可持续发展的原则，合理拟定道路建设规模、技术指标、设计施工方案，确定道路用地范围。

2.8.3.2　道路用地范围应满足下列要求：

（1）两侧排水沟外边缘或无排水沟时路堤或护坡道坡脚范围内的土地为路

堤用地范围，坡顶截水沟外边缘或无截水沟坡顶范围内的土地为路堑用地范围。

（2）因保证路基稳定等特殊原因需扩大用地范围时，应予以说明。

（3）桥梁、隧道、堆场、平面交叉、安全设施及其他线外工程用地，应根据需要确定其用地范围。

2.8.4 防洪标准

2.8.4.1 路基设计洪水频率应根据遭受洪灾或失事后损失和影响的程度确定。

2.8.4.2 桥涵设计洪水频率应符合表2.8-2的规定。

表2.8-2 桥涵设计洪水频率

桥涵类型	特大桥	大桥	中桥	小桥	涵洞及小型排水沟造物
设计洪水频率	1/100	1/50	1/50	1/25	不做规定

2.8.5 道路平面设计

2.8.5.1 道路选线一般规定。

（1）选线应包括确定路线基本走向、路线方案至选定线位的全过程。

（2）选线应根据风电场总体布置及当地路网情况，确定风电场工程道路选线的主要控制点。控制点应满足下列要求：

1）确定路线基本走向的控制点应包括路线起终点，必须连接的对外交通接口，风电场各功能区，以及特定的桥涵、隧道等的位置。

2）确定路线方案的控制点应包括风电机组、变电站的位置及高程。

（3）不同的设计阶段，选线工作内容应各有侧重，后一阶段应复查并优化前一阶段的路线方案。

（4）选线应在广泛搜集与线路方案有关资料的基础上进行。

2.8.5.2 路线选线原则。

（1）选线工作应针对路线所经地域的生态环境、地形、地质的特性与差异，按拟定的各控制点进行方案的比较、优化与论证。

（2）线位选择应根据道路功能和使用任务，全面权衡、分清主次，处理好全局与局部的关系。

（3）线位选择应充分利用现有道路，同时考虑永久道路和临时道路相结合。

（4）路线宜绕避滑坡、崩塌、泥石流、岩溶、软土等地质条件较差区域，确需穿过时应选择合适的位置，缩小穿越范围，并采取相应的工程措施。

（5）线位选择应做好同当地路网、农田与水利设施、林业资源等的协调与配合，合理确定建设规模，切实保护耕地、林地。

（6）线路应避让不可移动文物、军事活动区、测量基准点、生态保护区及重点保护树木等限制性区域。

（7）选线应合理选择路基填挖高度，避免高填深挖。

（8）选线时应考虑平面、纵断面、横断面的相互间组合与合理配合。

2.8.5.3 路线选择要点。

（1）平原项目：施工期道路选线主要受村庄建构筑物、电杆、架空线、路灯、标志牌、农田里面的灌溉水渠、坟地等因素限制。运维期道路可考虑利用既有乡村道路。

（2）丘陵项目：道路主要受山下村庄建构筑物等因素限制，山上主要受地形条件限制，选线需控制道路最大纵坡在规范要求以内。

（3）山地项目：道路选线受地形、地质条件影响较大，应首先确定地形控制点，拟定路线布设位置；对于长大纵坡路段，应调整平面线形使之与纵断面相适应；路线布设应考虑土石方综合平衡；路线宜选择在破面整齐、横坡平缓、地质条件好、五支脉横隔的向阳一侧；桥梁、隧道平面线形宜采用直线；展线路段纵坡宜接近平均坡度，不宜采用反向坡度；山地坡度较缓时宜采用半填半挖形式，山体坡度较陡时宜采用全挖方路基形式，石料来源充足时可设置路肩墙降低挖方高度。

对于平原、丘陵、山地风电项目，道路选线需遵循的原则详见表2.8-3。

表2.8-3　道路选线原则

地形条件	平原区	丘陵区	山地区
选线原则	宜避免穿越村镇	宜避免穿越村镇	避免穿越滑坡、泥石流等不良土质路段
	宜避免或减少电杆、架空线、路灯、标志牌等地表附属物的拆改	宜避免或减少电杆、架空线、路灯、标志牌等地表附属物的拆改	避免穿越陡崖等施工难度较大路段
	宜减少沟渠跨越	宜减少冲沟、河沟的跨越	宜减少冲沟、河沟的跨越

续表

地形条件	平原区	丘陵区	山地区
选线原则	利用乡村水泥道路，需考虑后期路面压坏后修复	道路宜不占或少占耕地、林地	宜选择坡面整齐、横坡平缓、地质条件好、无支脉横隔的向阳一侧
	宜不占或少占耕地、林地		宜不占或少占林地
	穿越农田的道路应考虑征地协调，宜平行于田埂穿越		

2.8.5.4 路线平面不论转角大小，均应设置圆曲线。

2.8.5.5 一般情况，叶片采用平板车运输时，圆曲线设计受叶片运输平板车控制；叶片采用举升车运输时，圆曲线设计受最长节塔筒运输平板车控制。

2.8.5.6 应按照叶片和塔筒的尺寸参数及运输方式确定道路平面设计参数。叶片采用平板挂车运输时，圆曲线最小半径宜按叶片的运输尺寸设计；叶片采用举升车运输时，圆曲线最小半径宜按最长一节塔筒的运输尺寸设计。可研阶段可参考表2.8-4规定。

表2.8-4 圆曲线最小半径

设计条件		叶片采用平板半挂车运输		塔筒采用平板半挂车运输		塔筒采用后轮转向车运输	
		内弯	外弯	内弯	外弯	内弯	外弯
圆曲线最小半径（m）	一般值	50	40	35	30	30	25
	极限值	40	35	30	25	25	20

注 1. "一般值"为正常情况下的采用值；"极限值"为条件受限制时可采用的值。

2. 内弯为运输车辆扫尾区位于山体时弯道，外弯为运输车辆扫尾区位于山体外侧时弯道。

3. 受地形或地表附属物等条件限制，圆曲线半径需低于极限最小半径时，可根据现场地形、地物等情况设置转弯平台。

2.8.5.7 圆曲线超高。

（1）圆曲线半径小于100m时，应在曲线上设置超高。

（2）最大超高值同路拱坡度。

（3）超高过渡段：由直线段的双向路拱横断面逐渐过渡到圆曲线段的全超

高单向横断面，其间设置超高过渡段。超高过渡段长度不小于10m。道路超高的过渡应在超高过渡段的全长范围内进行。

（4）超高过渡方式采用将外侧车道绕路中线旋转，直至超高横坡值。

2.8.5.8 圆曲线加宽。

（1）道路的圆曲线半径小于80m时，应设置加宽。直线段道路路基宽度6m时，曲线段路面加宽值参考表2.8-5规定。

表 2.8-5 圆曲线加宽值　　　　　　　　　m

圆曲线半径 R	叶片采用平板车运输		平板车运输塔筒长度大于 25m		平板车运输塔筒长度不大于 25m	
	内弯	外弯	内弯	外弯	内弯	外弯
80m>R ≥ 60m	2	2	2	—	—	—
60m>R ≥ 45m	3	3	3	2	1	1
45m>R ≥ 30m	4	4	4	3	2	2
30m>R ≥ 20m	—	—	—	4	3	3

注　直线段道路路基宽度小于6m时，曲线段路面加宽值应增加相应差值。

（2）加宽过渡段长度不小于10m。加宽过渡段的设置，应采用在加宽过渡段全长范围内，按其长度成比例增加的方式。

2.8.5.9 回头曲线。

（1）回头曲线圆曲线最小半径不小于20m，最大纵坡不大于5.5%。

（2）回头曲线处道路应形成平台，平台尺寸不小于30m×30m。

2.8.6 道路纵断面设计

2.8.6.1 道路最大纵坡

（1）干线道路最大纵坡不宜大于12%，支线道路最大纵坡不宜大于15%，采用极限坡度时应注意复核路面防滑情况。工程艰巨时，经安全性论证，道路的最大纵坡可参照表2.8-6规定。

表 2.8-6 最大纵坡

设计条件	主线道路		支线道路	
	上坡	下坡	上坡	下坡
最大纵坡（%）	15	12	18	15

（2）最大纵坡确需增大时应进行论证，一般不应超过表2.8-6规定。

（3）改建工程利用原有道路的路段，经技术经济论证，最大纵坡可增加1%~2%。

（4）考虑到山地道路地形复杂，一般以全断面开挖为主，道路一侧为山体，另一侧为悬崖，为保证施工、运维期通行安全，道路纵坡应能缓则缓，最大纵坡只有在受地形条件、施工条件或周围环境等因素限制时才可选用。当道路采用最大纵坡时应采取以下措施确保行车安全：

1）减速行驶，最大时速不超过5km/h；

2）安排专职安全员指挥交通；

3）雨、雪天气不得行车；

4）路面可设置碾压混凝土等防滑层；

5）道路凌空侧设置防撞墩或防护栏杆；

6）必要时可设置避险车道。

2.8.6.2 道路的最小纵坡

考虑道路排水需要，风电道路设计时，道路纵坡不应小于0.3%。

2.8.6.3 坡长

（1）道路纵坡的最小坡长应不小于50m，条件受限制时应不小于40m。

（2）干线道路最大坡长不宜超过150m，支线道路最大坡长不宜超过150m。工程艰巨时，经安全性论证，道路不同纵坡的最大坡长规定可参照表2.8-7。

表2.8-7　不同纵坡最大坡长

纵坡坡度（%）		5~7	8~11	12~14	15~18
最大坡长（m）	一般值	600	300	150	100
	极限值	1200	600	300	200

注　"一般值"为正常情况下的采用值；"极限值"为条件受限制时可采用的值。

（3）道路连续上坡或下坡时，应在不大于表2.8-6规定的纵坡长度之间设置缓和坡段。缓和坡段的纵坡一般不大于4%，条件受限制时不大于5%。其长度应符合表2.8-7最大坡长的规定。

2.8.6.4 竖曲线

道路纵坡变更处应设置竖曲线，竖曲线宜采用圆曲线。竖曲线的最小半径主要和运输车辆及设备有关，一般情况竖曲线最小半径与竖曲线长度规定见表2.8-8。

表2.8-8 竖曲线最小半径与竖曲线长度

设计速度（km/h）		15
凸形竖曲线最小半径（m）	一般值	300
	极限值	200
凹形竖曲线最小半径（m）	一般值	300
	极限值	200
竖曲线长度（m）	一般值	30
	最小值	20

注 1. "一般值"为正常情况下的采用值；"极限值"和"最小值"为条件受限制时可采用的值。

2. 叶片采用平板挂车运输时，不得采用极限值。

3. 当叶片采用平板车运输且长度超过55m、塔筒长度超过30m时应复核竖曲线最小半径。

2.8.6.5 路面结构

（1）一般要求。道路路面设计应结合现场情况，因地制宜确定路面结构型式及填筑材料。原则上不进行硬化路面。各种路面材料要求如表2.8-9所示。

表2.8-9 路面材料技术要求汇总表

材料	技术要求
泥结碎石	粒径控制15~35mm，黏土用量不超过总重的15%~18%，石料强度等级不低于Ⅳ级
建筑碎料	粒径控制50~100mm，不得含有生活垃圾，强度不低于MU30
砂石路	最大粒径不超过100mm，粒径20mm以上粗集料占比不低于40%，粒径0.5mm以下的细集料占比不超过15%，石料强度等级不低于Ⅳ级
山皮石	粒径控制20~100mm，山皮石含土量不超过总重的20%，石料强度等级不低于Ⅳ级

（2）特殊路面设计。

1）混凝土路面。风电场连接升压站/开关站的进站道路或有特殊要求的场内道路，可采用混凝土路面，路面结构采用20cm厚C30混凝土路面+20cm厚水泥稳定碎石基层。

2）过水路面。风电场道路宽而浅，且无明显河槽的山坡流水沟相交时，宜设过水路面。过水路面采用C25混凝土路面，宽5.0m。

2.8.6.6 路基边坡

参照《公路路基设计规范》（JTGD30），同时结合风电场道路的特点，不同地质情况路基挖、填方边坡放坡坡率如表2.8-10~表2.8-12所示。

表2.8-10 道路填方边坡坡率

填料类别	边坡坡率
细粒土	1：1.5~1：1.75
粗粒土	1：1.5~1：1.75
巨粒土	1：1.3~1：1.5

表2.8-11 土质路堑边坡坡率

土质类别		边坡坡率
黏土、粉质黏土、塑性指数大于3的粉土		1：1
中密以上的中砂、粗砂、砾砂		1：1.5
卵石土、碎石土、圆粒土、角砾土	胶结和密实	1：0.75
	中密	1：1

表2.8-12 岩质路堑边坡坡率

边坡岩体类别	风化程度	边坡坡率	
		$H < 15m$	$15m \leq H \leq 30m$
I 类	未风化、微风化	1：0.1~1：0.3	1：0.1~1：0.3
	弱风化	1：0.1~1：0.3	1：0.3~1：0.5
II 类	未风化、微风化	1：0.1~1：0.3	1：0.3~1：0.5
	弱风化	1：0.3~1：0.5	1：0.5~1：0.75
III 类	未风化、微风化	1：0.3~1：0.5	—
	弱风化	1：0.5~1：0.75	—
IV 类	弱风化	1：0.5~1：1	—
	强风化	1：0.75~1：1	—

注 H 为边坡高度。

2.8.6.7 路基压实度要求

风电场道路压实度按照路基不同部位，分为五类，分别是上路床、下路床、上路堤、下路堤以及零填及挖方路堑路肩的情况。具体要求如表2.8-13所示。

表2.8-13 路基压实度及填料要求表

项目分类		路面底面以下深度（cm）	填料最小强度（CBR）（%）	压实度（重型）（%）
填方路基	上路床	0~30	5	≥94
	下路床	30~80	3	≥94
	上路堤	80~150	3	≥93
	下路堤	150 以下	2	≥90
零填及挖方路堑路肩		0~30	5	≥94

2.8.6.8 特殊路基的处理

对于软土/沙漠区/淤泥质土路基一般采用换填方式进行处理，具体换填材料及换填深度可参照表2.8-14取值。项目实施阶段，应设置试验路段，论证换填的具体深度，最终以重车碾压（单轴重大于等于20t）后，路基无明显变形为准。

表2.8-14 特殊路基换填材料及换填深度建议值

特殊地质条件	平原水田	平原旱地	盐碱地区	沙漠地区	山地弹簧土区
换填材料	建筑碎料	建筑碎料	建筑碎料	山皮石	山皮石
换填深度（cm）	50~80	30~50	70~100	40~60	100~200

路基换填应先将路基表层软土、腐殖土、淤泥质土以及树根、杂草等清理干净，再分层换填，分层压实，压实度须满足表2.8-13的要求，换填粒径底层不大于300mm，上层粒径需小于下层粒径，路基最后一层换填粒径不大于100mm。

2.8.7 道路排水设计应符合的规定

2.8.7.1 排水沟设计

（1）排水沟断面根据排水量和排水沟砌筑材料可设置为矩形、倒梯形、浅碟形、预制混凝土 U 形槽等，沟深和沟底宽度不小于30cm。

（2）排水沟纵坡大于10%需使用浆砌石或混凝土材料。

（3）道路排水设计需结合场区环水保设计设置相应的涵洞、沉砂池、过水路面。

（4）对于平原、丘陵、山地三种地形条件，具体设计指标如表2.8-15所示。

表 2.8-15　排水沟设计技术指标

地形条件	平原	丘陵／山地		
排水沟形式	土质排水沟	M7.5 浆砌石矩形边沟	C25 混凝土现浇矩形边沟	预制混凝土（C25）U 形槽
适用条件	雨水较多地区临时性排水	纵坡较大，雨水冲刷严重的路段；石料可就地取材	纵坡较大，雨水冲刷严重路段；石料取材不便，且工期紧张	纵坡较大，雨水冲刷严重路段；石料取材不便，且工期紧张
设置位置	道路两侧	道路挖方边坡坡脚处		
砌筑厚度（cm）		20	15	6

注　1. 对预制混凝土 U 形槽排水沟宜少用，因为施工精度的问题，基槽开挖面往往很难与预制 U 形混凝土板贴合紧密，导致后期出现 U 形混凝土板底部或侧壁破坏。

　　2. 对于丘陵和山地风电项目，道路挖方侧均应设置土质边沟，在纵坡较大，汇水量较大时采用浆砌石、混凝土或 U 形槽对边沟进行防护。

2.8.7.2 管涵设计

（1）设计标准。

1）设计汽车荷载等级：公路–Ⅱ级。

2）设计洪水频率：大、中桥为1/50，小桥及涵洞为1/25。

3）桥涵宽度：涵洞与路基同宽。

（2）主要材料。

1）管身混凝土：C30。

2）管身钢筋：采用Ⅰ级钢筋。

3）基础：管身及进出口基础采用M7.5浆砌片石。

（3）洞口。

1）洞口八字墙身及帽石采用M7.5浆砌片石，石料强度不低于40MPa。

2）洞口铺砌、隔水墙均采用M7.5浆砌片石，石料强度不低于40MPa。

3）勾缝材料用M7.5砂浆。

4）管涵布置。对于平原、丘陵及山地风电场，管涵布置形式如表2.8-16所示。

表2.8-16　管涵布置形式汇总表

地形条件	平原区	丘陵/山地
设置位置	跨越沟、渠	跨越冲沟、山坳
管径（cm）	50、100、150、200	
孔数	根据沟（渠）的宽度确定单孔或多孔	
进水口	八字翼墙	跌水井
出水口	八字翼墙	八字翼墙
管涵埋深	1m 及以上	

2.8.8 边坡防护

2.8.8.1 一般规定

对于边坡高度小于3m的一般路段，可不进行防护。边坡高度大于3m且小于6m的可设置喷播植草绿化防护，对于边坡高度较大，地形复杂地段，一般采用挡土墙形式进行防护，挡土墙形式中重力式挡墙最常用，参照《公路挡土墙设计与施工技术细则》（中交第二公路勘察设计研究院有限公司主编），同时结合风电场道路的特点，总结风电道路挡土墙的具体适用条件如表2.8-17所示。

表2.8-17　重力式挡墙形式及适用条件建议表

挡墙形式	适用高度（m）	设置位置	备注
俯斜式	1~5	用于道路路堤边坡坡脚防护	重力式挡墙高度不宜超过8m，若大于8m，应进行挡墙稳定性验算
直立式	1~5	用于道路路堤边坡坡脚防护	
仰斜式	1~10	用于道路路堑边坡防护	
衡重式	3~12	用于道路填方边坡路肩防护	

2.8.8.2 防护形式

（1）边坡防护主要形式为边坡的分级放坡与挡墙防护，具体如表2.8–18所示。

表 2.8–18 路基边坡的防护形式

边坡类型	挖方边坡		填方边坡	
边坡高度（m）	≤ 8	> 8	≤ 8	> 8
防护方式	仰斜式挡墙	分级放坡＋仰斜式挡墙	衡重式路肩墙／重力式路堤墙	分级放坡＋重力式路堤墙
材料	浆砌石／毛石混凝土／混凝土现浇			

（2）边坡分级和坡率。分级放坡每8.0~10m高为一级，每级之间设置宽约2.0m的马道，马道内侧设置浆砌石排水沟，挖方边坡的放坡坡率小于等于1：0.5，填方边坡的边坡坡率小于等于1：1.5。

挡墙高度小于等于8m，材料可采用浆砌石砌筑；挡墙高度大于8.0m，可考虑采用毛石混凝土或采用现浇混凝土。对于道路边坡较陡，水平土压力较大或挡墙墙顶直接承受运输车辆荷载，采用毛石混凝土挡墙或现浇混凝土挡墙，混凝土采用C30强度等级。

2.8.8.3 挡土墙设计要求

（1）挡土墙原材要求。挡土墙石料极限抗压强度应不小于40MPa，浸水或沿河路段挡土墙石料极限抗压强度应不小于50MPa，一般路段挡土墙砌筑砂浆为M7.5，勾缝砂浆为M7.5。墙背回填石渣应采用不易风化的路基开挖石料，料径应不大于8cm。

（2）挡墙基础要求。一般基础应置于岩石或硬土地基上，墙趾处地面坡度较陡，而地基为完整坚硬的岩层时，基础可以做成台阶形，以减少基坑开挖和节省圬工。挡土墙基础置于土质地基，基础埋置深度不小于1.5m；挡土墙基础置于硬质岩石地基，基础埋置深度不小于1m；挡土墙基础应置于风化层以下。当风化层较厚，难以全部清除时，可根据地基的风化程度及相应的承载力将基底埋于风化层中。置于软质岩石地基时，埋置深度不小于1.0m；挡土墙基础置于斜坡地面，挡土墙墙趾埋入深度和距离地面的水平距离（襟边宽度）应符合表2.8–19要求。

表 2.8-19　墙趾埋入斜坡地面的最小尺寸

地层类别	埋置深度（m）	襟边宽度（m）
岩层	1.0	1.0~2.0
土层	1.5	2.0

地基的容许承载力见表2.8-20。

表 2.8-20　地基的容许承载力

墙高 H（m）	地基容许承载力（kPa）
$H \leqslant 4$	$\geqslant 200$
$4 < H \leqslant 12$	$\geqslant 250$

当地基承载力不满足允许承载力要求时，施工中应根据现场实际情况分别采用加宽基础、换填夯实或砂土垫层措施加固。挡土墙排水孔采用梅花形布置，排水孔为15cm×15cm方孔，孔间距一般路段为3m，浸水路段为2m，排水孔应向外倾斜坡度3%，最下排排水孔应高出地面20cm，墙背采用回填厚50cm的开挖石渣作反滤。挡土墙外露采用水泥砂浆勾凸缝，墙顶采用水泥砂浆进行抹面。

2.8.9 安全设施

风电场道路安全设施主要为防撞墩、警示桩、凸面镜、安全警示标志牌等，具体设施布置及构造如表2.8-21所示。

表 2.8-21　安全设施布置及构造表

安全设施	设置位置	尺寸（cm）	间隔（m）	材料
防撞墩	道路紧邻悬崖、陡坎、沟渠的一侧	200×40×70	2	浆砌石/C25混凝土
警示桩	道路紧邻悬崖、陡坎、沟渠的一侧；道路交叉口两侧	15×15×120	2	C25混凝土
凸面镜	道路转弯内侧有山体、房屋建筑等遮挡，影响会车视距时，设置于转弯处外侧			铝合金
安全警示标志牌	陡坡、急弯、易塌方等路段驶入前500m处			铝合金

2.8.10 安装场

2.8.10.1 安装场形式

根据风电场安装场的地形地貌，一般设置两种安装平台形式。两种形式具体情况如下：

形式Ⅰ：饱满的多边形布置，布置原则为依照山体地形开挖。该形式主要应用于山脊线机位，便于减少工程量。

形式Ⅱ：安装场尺寸为标准矩形，一般应用于地形平坦处。

安装场平面布置需结合风机基础定位和集电线路箱式变压器基础定位，结合场内道路进入安装场接口位置综合设计。

2.8.10.2 安装场有效利用面积

安装场有效利用面积见表2.8-22。

表2.8-22 安装场有效利用面积参考值

单机容量（MW）	< 3.0	≥ 3.0
有效利用面积（m²）	1500	1800

注 当叶片长度超过75m，或轮毂高度大于100m，应复核安装场有效利用面积。

2.8.10.3 安装场安全性设计要求和土石方平衡

安装场平面布置宜将风机基础包含在安装场地内，且风机基础和主吊工作区应处于土石方填挖交界线的挖方一侧，综合考虑安装场附近现有道路、设计道路等因素，风机基础未全部包含在安装场地内的，需保证主机吊装工作面满足使用，且严禁风机基础和主吊工作区处于回填土区域内。

以风机基础和吊装工作区的安全稳定为基本设计原则，在此基础上尽量保证土石方平衡，尤其在山地风电项目中，尽量减少平台挖余土方外运或弃方。

2.8.10.4 填筑材料

安装场的填筑应尽量利用开挖料，压实度不小于95%。

2.8.10.5 软基处理

吊装工作区软弱地基原则上仅对主吊吊装工作面进行换填，其他工作区结合铺设路基箱或钢板、垫木等处理方式。

2.8.11 平原地区风电项目

河道、灌溉沟渠较多的情况下，明确跨越沟渠的具体方案，对比绕行、临时埋管（圆管涵）填筑通行方案，无法绕行的个别机位采取钢便桥通行方案，并进行造价对比控制。

2.8.12 山地风电项目

需根据可占用林地的林木属性和基本价格，综合考虑对路线设计进行优化，并分段统计。

2.8.13 沙漠、戈壁、荒漠风电项目

有集中季节性降水的路段需通过调整微地形路堤填筑高度，结合在道路两侧选做固定宽度的蒸发池综合进行排水。

2.8.14 滩涂、沿海风电项目

需合理利用既有土埂、圩堤、小路等作为路基基底，充分考虑场内道路重载交通量对路基沉降产生的影响，对特殊路段需特殊设计抛石挤淤、挖淤换填，明确水下、池（塘）底淤泥下路基填筑工程量的计量方法，有必要的需在开工前期进行试验路段填筑施工。

2.8.15 高寒、多年冻土风电项目

应充分考虑道路防滑，尤其是下陡坡路段防滑措施。

2.8.16 季节性冻土风电项目

应充分考虑春季冻融翻浆对道路的影响，对当地交通不构成影响的可提高路基填筑高度以优化投资，对当地有影响的需进行路基换填设计。

2.8.17 风光（储）互补项目

对风电、风力混合通行的采取风电道路标准设计，对仅通行风力的路段按照风力道路标准设计。

2.8.18 分散式风电项目

需对单台机位的道路支线长度进行优化，场址在工业或其他园区内建设的分散式项目，需结合园区围墙、道路等既有构筑物合理规划道路和安装场。

消防设计

2.9.1 风力发电场的消防设计应贯彻"预防为主，消防结合"的方针，遵守《风电场设计防火规范》（NB 31089）、《风力发电机组消防系统技术规程》（CECS 391）、《火力发电厂与变电站设计防火标准》（GB 50229）、《建筑设计防火规范》（GB 50016）、《建筑灭火器配置设计规范》（GB 50140）、《电力设备典型消防规程》（DL 5027）中的相关要求，同时需考虑当地消防部门的意见。

2.9.2 机组和周围场地可不设消火栓及消防给水系统，风机塔筒底部和机舱内部均应设置手提式灭火器。750kW以上的风机机舱内应设置无源型悬挂式超细干粉灭火装置或气溶胶灭火装置，采用自身热敏元件探测并自动启动；也可采用有源型悬挂式超细干粉、瓶组式高压细水雾、火探管等固定式自动灭火装置，以及火灾自动报警装置。风机内部有足够的照明措施时，还可选用视频监视装置作为辅助监控措施。

2.9.3 风电机组材料的使用应符合以下规定：

（1）液压系统及润滑系统应采用不易燃烧或者燃点（闪点）高于风电机组运行温度的油品。

（2）风电机组内的易燃物，应加防火防护层并使其尽可能远离火源。

（3）风电机组应选择具有阻燃性或低烟、低毒、耐腐蚀的阻燃电缆。

2.9.4 火灾探测及灭火系统的配置应符合以下规定：

（1）风电机组的机舱及机舱平台底板下部、塔架及竖向电缆桥架、塔架底部设备层、各类电气柜应设置火灾自动探测报警系统。

（2）火灾自动探测报警系统报警信号宜与风电机组中心控制系统相连，传输至风电场升压站监控系统。

（3）风电机组的机舱及机舱平台底板下部、轮毂、塔架底部设备层、各类电气柜应配置自动灭火装置。

（4）自动灭火装置应带有报警及联动触点，并传输报警信号至监控系统。

（5）火灾探测报警器和灭火装置应考虑机组特点以及内部环境因素，如温度、湿度、振动、灰尘等。灭火剂应根据易燃物的类型选择。

（6）风电机组机舱和塔架底部应各配置不少于2具手提式灭火器。

2.9.5 机组变压器的配置应符合以下规定：

（1）布置在塔架内的机组变压器宜采用干式变压器，应布置于独立的隔离室内，设置耐火隔板，并应配置自动灭火装置。耐火隔板的耐火极限不小于1.00h。

（2）布置在机舱内的机组变压器宜采用干式变压器，设置耐火隔板，并应配置自动灭火装置。耐火隔板的耐火极限不小于1.00h。

（3）塔架外独立布置的机组变压器与塔架之间的距离不应小于10m。当距离不能满足时，应选用干式变压器。对于贴挂在塔架外壁上的机组变压器，应选用干式变压器并配置自动灭火装置。

2.9.6 风电机组与机组变压器单元之间及风电机组内的电缆应采用阻燃电缆，电缆穿越的孔洞应用耐火极限不低于1.00h的不燃材料进行封堵。

2.9.7 风电场架空线路，不应跨越储存易燃、易爆危险品的仓库区域。架空线路与甲类厂房、库房，易燃材料堆垛，甲、乙类液体储罐，液化石油气储罐，可燃、助燃气体储罐的最近水平距离不应小于电杆（塔）高度的1.5倍；架空线路与丙类液体储罐的最近水平距离不应小于电杆（塔）高度的1.2倍。35kV以上的架空线路与储量超过200m³或总容积超过1000m³的液化石油气单罐的最近水平距离不应小于40m。

2.9.8 电力电缆不应与输送甲、乙、丙类液体管道，可燃气体管道，热力管道敷设在同一管沟内。

3 升压站／开关站设计

3.1

接入系统设计

3.1.1 设计原则

3.1.1.1 风电场接入应满足《风电场接入电力系统设计技术规范 第1部分：陆上风电》(NB/T 31003.1)和《风电场接入电力系统设计技术规范 第3部分：分散式风电》(NB/T 31003.3)以及其他有关风电场接入电力系统的相关规程规范，最终以每个项目接入电力系统批复意见为准。

3.1.1.2 接入电力系统方案设计应从全网出发，合理布局，消除薄弱环节，加强受端主干网络，增强抗事故干扰能力，简化网络结构，降低损耗。

3.1.1.3 网络结构应满足风力发电规划容量送出的要求，同时兼顾地区电力负荷发展的需要，遵循就近、稳定的原则。

3.1.1.4 电能质量应能满足风力发电场运行的基本标准。

3.1.1.5 应节省投资和年运行费用，使年计算费用最小，并考虑分期建设和过渡的方便。

3.1.1.6 选择电压等级应符合国家电压标准，电压损失符合《电能质量 供电电压偏差》(GB/T 12325)。

3.1.1.7 对于个别地区电网要求送出线路由项目公司自筹资金建设时应根据当地电网造价概算单列。

3.1.1.8 风电场接入系统设计，应执行电网主管部门关于风电场接入系统设计的有关要求，并复核其时效性。

3.1.2 一次接入系统条件

3.1.2.1 根据风电场装机容量和地区电网的电力装机、电力输送、网架结构情况，确定风电场参与电网电力电量平衡的区域范围；风电场的发电量优先考虑在风电场所在地区的电网消纳，以减少输配电成本。

3.1.2.2 收集当地电网规划和当地电网对可再生能源接入系统的规定，了解电网对风电场穿透极限功率的具体规定，电网可接纳的风电容量，以确定风电场可装机的最大容量。

3.1.2.3 风电场宜以一级电压辐射式接入电网，接网线路回路数不考虑"$N-1$"原则。风电场主变压器高压侧配电装置不宜有电网穿越功率通过。

3.1.2.4 接入系统应考虑"就近、稳定"的原则，一般100MW以下风电场接入110kV及以下电网，100~150MW风电场既可接入110kV电网，也可接入220kV电网，150~300MW风电场接入220kV或330kV电网；成片规划的更大规模的风电场可接入500kV电网，但应根据风电场布置以及电网情况做升压站/开关站配置和/或中心汇流站设置规划。具体可根据当地电网要求做调整。

3.1.2.5 一般集中装机容量在300MW及以下配套建设一座升压站；集中装机容量在300MW以上根据风电场总体布置考虑配套建设2座或2座以上升压站，此时考虑其中1座升压站作为集中控制中心，另外1座及以上的升压站宜设计为"无人值班、无人值守"升压站。

3.1.2.6 应了解电网对风电有无特殊要求。

3.1.2.7 根据拟接入系统变电站的间隔位置，分析风电场接网线路与原有线路的交越情况，确定合理可行的交越方案。

3.1.2.8 为满足电网对风电场无功功率的要求，应根据国家电网公司关于风电场接入电网技术规定的有关要求，在利用风电机组自身无功容量及其调节能力的基础上，测算需配置的无功补偿容量，以及风电场无功功率的调节范围和响应速度，并根据风电场接入系统专题设计复核确定。

3.1.2.9 对风资源条件优越，而电网薄弱的地区，应积极配合电网进行风电场集中输出的相关输电系统规划设计。

3.1.3 一次接入方案

3.1.3.1 根据规划的风电场规模以及当地电网的接入条件拟定合理的接入方案，

对于占地区域较广的风电场经技术经济比较可采用单一的终端升压站／开关站或中心汇流站加终端站的型式。

3.1.3.2 由于目前规划的单一风电场装机容量一般不大于300MW，本规范按50MW装机容量为一基准递增等级，即推荐的适用风电场装机容量归并为50、100、150、200、250、300MW等级考虑，非以上容量风电场可按上述相近容量套用，考虑到更大容量的风电场由于占地范围过大，可按上述归并容量风电场组合而成。

3.1.3.3 对于单一的终端升压站／开关站的方案，风电场内升压与送出均不考虑"N–1"原则；对于中心汇流站的升压与送出方案应经技术经济论证后与电网协商确定是否考虑"N–1"原则。

3.1.3.4 终端升压站方案的风电场送出电压等级及主变压器配置推荐见表3.1–1。

表 3.1–1　不同装机容量推荐的升压站规模

风电场容量（MW）	回路数及送出电压等级	主变压器配置	备注
50	1×110（66）kV	1×50MVA	
100	1×110（66）kV	2×50MVA 或 1×100MVA	
150	1（2）×110（66）kV	1×50MVA+1×100MVA 或 2×75MVA	
	1×220（330）kV	1×50MVA+1×100MVA 或 2×75MVA 或 1×150MVA	
200	1×220（330）kV	2×100MVA 或 1×200MVA	
250	1×220（330）kV	1×100MVA+1×150MVA 或 2×125MVA 或 1×250MVA	
300	1×220（330）kV	3×100MVA 或 2×150MVA	

注　1. 对同容量风电场不同主变压器配置方案，一次建成的应采用变压器台数少、容量大的方案。分期建设的应结合本期容量、后期落实的容量及后期建设计划确定。

2. 对采用500kV送出的风电场主变压器配置可经技术经济比较后选择确定。

3. 个别受电网系统条件限制的风电场可根据当地电网的条件进行调整。

4. 括号内66kV适用于东北电网，330kV适用于西北电网。

3.1.4 系统继电保护

3.1.4.1 线路保护

（1）继电保护及安全自动装置应符合国家现行标准《继电保护和安全自动装

置技术规程》（GB/T 14285）、《电力装置的继电保护和自动装置设计规范》（GB/T 50062）、《并网风电场继电保护配置及整定技术规范》（DL/T 1631）、《电力系统安全稳定导则》（GB 38755）、《电力系统安全稳定控制技术导则》（GB/T 26399）、《电力系统安全自动装置设计规范》（GB/T 50703）和行业现行标准《继电保护和安全自动装置通用技术条件》（DL/T 478）的规定，且应满足可靠性、灵敏性和速动性的要求。

（2）220kV及以上线路应配置双套完整的、独立的能反映各种类型故障、具有选相功能线路纵联保护。每套纵联保护应包含完整的主、后备保护以及重合闸功能，重合闸可实现单相重合闸、三相重合闸、禁止和停用方式。220kV及以上线路且采用3/2断路器接线时，线路还应配置双套远方跳闸保护和短引线保护、一套断路器保护。断路器保护应按断路器配置，应包含失灵保护、重合闸、充电过电流、非全相保护和死区保护等功能。根据系统工频过电压的要求，对可能产生过电压的线路应配置双套过电压保护。双重化配置的两套保护装置之间不应有电气联系，宜采用不同生产厂家的产品，并应安装在不同保护柜内；两套保护装置的直流电源应取自不同蓄电池供电的直流母线段，交流电流应分别取自电流互感器相互独立的绕组，交流电压宜分别取自电压互感器相互独立的绕组。

（3）110kV及以下线路配置一套线路纵联保护，保护应具有完整的主、后备保护以及重合闸功能，重合闸可实现三重和停用方式。

（4）送出线路两侧的保护选型应一致，保护的软件版本应完全一致。具有光纤通道的线路，纵联保护宜采用光纤通道传输信息。

3.1.4.2 母线保护及断路器失灵保护

220kV及以上母线均应配置双套母差保护和双套失灵保护。失灵保护功能宜含在母线保护中，应与母差保护共用出口。每套母线保护只作用于断路器的一组跳闸线圈。110kV及以下母线应配置一套母差保护。双重化配置的两套保护装置之间不应有电气联系，宜采用不同生产厂家的产品，并应安装在不同保护柜内；两套保护装置的直流电源应取自不同蓄电池供电的直流母线段，交流电流应分别取自电流互感器相互独立的绕组，交流电压宜分别取自电压互感器相互独立的绕组。母线差动保护各支路电流互感器变比差不宜大于4倍。

3.1.4.3 母联（分段）断路器保护

母联（分段）断路器应按断路器配置专用的、具备瞬时和延时跳闸功能的过电流保护及充电保护。

3.1.4.4 故障录波

升压站／开关站应配置故障录波装置，启动判据应至少包括电压越限和电压突变量，记录升压站／开关站内设备在故障前10s至故障后60s的电气量数据，波形记录应满足相关技术标准。

录波间隔至少包括风电机组汇集线、汇集母线、无功补偿设备、接地变压器、升压变压器以及高压出线和母线，录波量为各间隔运行信息，至少包括三相电压、零序电压、三相电流、零序电流、保护动作、断路器位置等。

故障录波装置应具备单独组网功能，并具备完善的分析和通信管理功能，录波信息经调度数据网Ⅱ区将信息发送至调度端主站。

3.1.4.5 保护信息子站

升压站／开关站配置1套保护及故障信息管理子站，主机应采用双机配置的嵌入式装置，并配置一套独立的网络存储设备。子站应能实现运行和调度部门对保护设备、故障录波实时数据信息的收集与处理，进行电力系统事故分析、设备管理维护及系统信息管理。子站包括保护管理机、网络交换机、保护信息管理监视终端、接入单元、打印机、远传通信接口、连接设备等。保护信息由子站经调度数据网Ⅰ区将信息发送至调度端主站。

3.1.4.6 安全自动装置

根据当地电网要求，配置相应的安全自动装置（防孤岛保护装置、安全稳定控制装置、失步解列装置、快速频率响应装置、全景监控系统等）。

3.1.4.7 继电保护试验设备

为方便调试，升压站／开关站配置1面继电保护试验电源柜和1套继电保护试验仪器仪表。

3.1.5 系统调度自动化

3.1.5.1 远动系统

（1）调度管理关系及远动信息传输原则：风电场调度管理关系宜根据电力系统概况、调度管理范围划分原则和调度自动化系统现状确定。远动信息的传输原则宜根据调度管理关系确定。

（2）远动系统设备配置：风电场应配置相应的远动通信设备，远动通信设备宜采用风电场升压站／开关站计算机监控系统配置的远动工作站。远动工作站应优先采用无硬盘型专用装置，采用专用操作系统。远动工作站应冗余配置。

（3）远动信息的采集及内容：远动信息采取"直采直送"原则，直接从计算机监控系统间隔层I/O测控装置获取远动信息并向调度端传送。远动信息内容应满足《电力系统调度自动化设计规程》（DL/T 5003）、《地区电网调度自动化设计规程》（DL/T 5002）和相关调度端及远方监控中心对风电场的监控要求。

（4）远动信息传输：远动通信设备应能实现与相关调度中心及远方监控中心的数据通信，分别以主、备通道，并按照各级调度要求的通信规约进行通信。备通道均采用数据网方式接入地区级电力调度数据专网。网络通信采用《远动设备及系统　第5-104部分：传输规约 采用标准传输协议集的IEC60870-5-101网络访问》（DL/T 634.5104）规约。

3.1.5.2 电能计量系统

（1）电能计量点设置原则。贸易结算用关口电能计量点，原则上设置在购售电设施产权分界处。考核用关口电能计量点，根据需要设置在电网经营企业或者供电企业内部用于经济技术指标考核的各电压等级的变压器侧、输电和配电线路端以及无功补偿设备处。

（2）电能计量系统配置原则。站内设置一套电能量计量系统子站设备，包括电能计量装置和电能计量信息传输接口设备等。贸易结算用关口电能计量装置应配置主、副电能表，考核用关口电能计量点可按单电能表配置。电能表应为电子式多功能电能表，并具备电压失压计时功能。

电能计量信息传输接口设备为电能量远方终端或传送装置，可采用以下方案：

方案一：全站配置一套电能量远方终端，以串口方式采集各电能表信息；具有对电能量计量信息采集、数据处理、分时存储、长时间保存、远方传输、同步对时等功能。电能量计量主站系统通过电力调度数据网、专线通道或电话拨号方式直接与电能量远方终端通信，采集各电能计量表信息。

方案二：全站配置一套电能量传送装置，电能量计量主站系统通过电力调度数据网或拨号方式直接采集各电能计量表信息。

（3）电能量信息采集内容。全站电能量信息采集应涵盖站内所有电能计量点，采集内容包括各电能计量点的实时、历史数据和各种事件记录等。

（4）电能量信息传输。电能量计量系统子站通过电力调度数据网、电话拨号方式或利用专线通道将电能量数据传送至各级电网调度中心，应采用《远动设备及系统　第5部分：传输规约　第102篇：电力系统电能累计量传输配套标准》（DL/T 719）或《多功能电能表通信协议》（DL/T 645）通信规约。

（5）电能计量装置接线方式。接入中性点非绝缘系统的电能计量装置应采用三相四线电能表，接入中性点绝缘系统的电能计量装置，宜采用三相三线电能表。

3.1.5.3 有功功率控制系统

风电场应配置有功功率控制系统，能自动接收调度主站下发的风电场发电出力计划曲线，控制风电场有功功率不超过发电出力计划曲线；能自动接收调度主站下发的有功功率控制指令，主要包括功率下调指令（在一定时间内）及功率增加变化率限值等，并能够控制风电场出力满足控制要求；能够根据所接收的调度主站系统下发的有功功率控制指令，对场内风机进行自动停机及开机调整。

3.1.5.4 无功电压控制系统

风电场应配置无功电压控制系统；能自动接收调度主站下发的风电场无功电压考核指标（风电场电压曲线、电压波动限值、功率因数等），通过控制风电场无功补偿装置控制风电场无功功率和电压满足考核指标要求；能自动接收调度主站下发的无功电压控制指令，通过控制风电场无功补偿装置控制风电场无功功率和电压满足控制要求；能对风电场的无功补偿装置和风机无功调节能力进行协调优化控制，在风电场低电压故障期间，机侧变流器控制策略转换为无功优先。

3.1.5.5 风电场功率预测系统

风电场应配置风电功率预测系统，风电场功率预测系统具有0~240h中期风电功率预测、0~72h短期风电功率预测以及15min~4h超短期风功率预测功能，预测时间分辨率应不低于15min。风电场的风电功率预测系统应每日向电力系统调度机构上报两次中期、短期风电功率预测结果，应每15min向电力系统调度机构上报一次超短期功率预测结果。风电场的风电功率预测系统向电力系统调度机构上报风电功率预测曲线的同时，应上报与预测曲线相同时段的风电场预计开机容量，上报时间间隔应小于等于15min。风电场应每15min自动向电力系统调度机构滚动上报当前时刻的开机总容量，风电场应每5min自动向电力系统调度机构滚动上报风电场实时测风数据。风电场发电功率预测精度应满足《风电场接入电力系统技术规定　第1部分：陆上风电》（GB/T 19963.1）。

3.1.5.6 同步相量测量装置（PMU）

对于接入220kV及以上电压等级的风电场应配置同步相量测量装置（PMU），对于接入110（66）kV电压等级的风电场可根据实际需求配置相角测量系统。必要时应根据电力系统实际需求在风电汇集站加装宽频测量系统。最终以满足接入系统批复意见为准。

3.1.5.7 电能质量监测装置

风电场应配置电能质量在线监测装置，在线监测装置应满足《风电场工程电气设计规范》（NB/T 31026）相关要求。最终以接入系统报告批复意见为准。

3.1.5.8 新能源一次调频控制

根据《电力系统网源协调技术规范》（DL/T 1870）的要求，新能源场站应具备一次调频功能。为实现一次调频功能，风电场内应配置1套新能源一次调频控制系统，主机应双重化配置。通过调度数据网接入省调一次调频主站。

新能源场站通过保留有功备用，并利用新能源一次调频控制系统实现一次调频功能。当系统频率偏离一次调频死区时，新能源一次调频控制系统自动根据额定功率、频差及一次调频调差率计算出一次调频响应调节量。新能源场站有功功率的控制目标应为调度端AGC有功指令与一次调频响应调节量的代数和。若一次调频与调度端AGC有功指令方向相反，当频差超过区域电网规定值时，应闭锁AGC有功功率指令。一次调频最大负荷限幅应不小于额定功率的10%，且不得因一次调频导致新能源机组脱网或者停机。新能源场站一次调频的性能应满足《电力系统网源协调技术规范》（DL/T 1870）的相应规定。

3.1.5.9 调度数据网接入设备

风电场宜一点就近接入相关电力调度数据网。为实现调度数据网络通信功能，应配置双套调度数据网接入设备，包括交换机、路由器等。

3.1.5.10 安全防护设备

二次安全防护设备根据《电力监控系统安全防护规定》（国家发展和改革委员会令2014年第14号）要求，按照"安全分区、网络专用、横向隔离、纵向认证"的原则配置。设备包括：调度数据网安全Ⅰ区配置主备2台纵向加密装置，调度数据网安全Ⅱ区配置主备2台纵向加密装置，调度数据网安全Ⅰ和Ⅱ区之间配置2台横向隔离防火墙，调度数据网与调度管理信息业务网配置正、反向电力专用物理隔离装置各1套，调度管理信息业务网配置1台纵向隔离防火墙。

根据《电力监控系统安全防护规定》（国家发展和改革委员会令2014年第14号）和《发电厂监控系统安全防护方案》（国能安全〔2015〕36号），升压站/开关站配置1套综合安全防护系统，实现恶意代码防范、入侵检测、主机加固、计算机系统访问控制、安全审计、安全免疫、内网安全监视以及商用密码管理等功能。

3.1.6 系统及站内通信

3.1.6.1 系统通信

系统通信一般采用光纤通信，光纤通信电路的设计应结合各网省公司、地市公司通信网规划建设方案和工程业务实际需求进行。

光缆类型以OPGW为主，进入升压站/开关站的引入光缆，应选择非金属阻燃光缆。

光伏电站与电力调度机构之间通信方式和信息传输应由双方协商一致后确定，并在接入系统方案设计中明确。

3.1.6.2 站内通信

风电场升压站/开关站宜配置一套数字程控调度交换机用于升压站/开关站内通信，中继接口可与当地公用通信网的中继线相连。

3.1.6.3 通信电源

通信电源一般由站内220V直流电源系统经两套互为备用的DC/DC电源变换装置供给。如当地电网有要求时，也可采用带专用蓄电池的通信电源系统。

电气一次设计

3.2.1 总体要求

3.2.1.1 风电场升压站/开关站电气一次设计应符合《风电场工程电气设计规范》（NB/T 31026）、《导体和电器选择设计规程》（DL/T 5222）、《高压配电装置设计规范》（DL/T 5352）、《交流电气装置的过电压保护和绝缘配合设计规范》（GB/T 50064）、《交流电气装置的接地设计规范》（GB/T 50065）、《电力工程电缆设计标准》（GB 50217）的有关规定。

3.2.1.2 风电场升压站/开关站电气一次设计应满足项目接入系统报告及批复和专题报告及批复的要求。

3.2.1.3 风电场升压站/开关站电气设计应根据确定的接入电力系统方案和工程实

际情况，确定主变压器台数、电压等级以及高低压配电装置配置方案，统筹考虑风电场布置和升压站/开关站总平面布置，电气主接线方案、风电场集电线路方案、升压站/开关站站址等应经技术经济比较后确定。

3.2.2 电气主接线

3.2.2.1 根据确定的接入电力系统方案和工程实际情况，确定主变压器以及高低压配电装置选型及布置方案。统筹考虑风电场风机布置、集电线路走向及送出线路方向等因素，确定站内总平面布置。电气主接线应统筹考虑接入系统及分期建设等要求，接线形式简单、供电可靠性、运行灵活性、操作检修方便、节省投资、便于过渡或扩建。

3.2.2.2 对于单台变压器的升压站高压侧若无远期规划，宜采用线路变压器组接线；对于多台变压器的升压站以及汇流站高压侧原则采用单母线接线或其他型式接线，最终应满足项目所在地电网要求。

3.2.2.3 主变压器采用双绕组型式时，若额定容量小于180MVA，低压35kV侧宜采用单母线接线；若额定容量大于等于180MVA，低压35kV侧宜采用扩大单元接线。

3.2.2.4 无功补偿装置配置及容量应满足当地电网的要求，其低电压、高电压穿越能力应不低于风力发电机组的穿越能力。

3.2.2.5 系统中性点运行方式按照电网要求执行。对于10kV或35kV开关站的10kV或35kV系统中性点接地方式，可采用不接地、经消弧线圈接地或小电阻接地方式，具体由接入系统批复意见确定。消弧线圈容量、中性点接地电阻的大小和接地变压器容量的选择应根据计算的单相接地电容电流来确定。

3.2.2.6 主变压器低压侧系统采用扩大单元接线时且主变压器低压侧装设专用接地变压器时，两段母线应分别按照主变压器低压侧全容量集电线路长度容性电流配置接地变压器，在正常情况下，接地变压器不允许并列运行，只能有一台接地变压器投入运行。

3.2.3 短路电流及主要电气设备选择

3.2.3.1 短路电流水平。

（1）220kV：50/40kA；

（2）110kV：31.5kA；

（3）66kV：31.5kA；

（4）35kV：31.5kA；

（5）10kV：25kA。

上述各级电压的短路电流水平需根据风电场工程短路电流计算复核后确定，更高电压等级的短路电流水平应根据当地电网要求选择确定。

3.2.3.2 主变压器推荐采用油浸式、低损耗、双绕组自然油循环自冷式有载调压升压变压器。主变压器能耗水平应满足《电力变压器能效限定值及能效等级》（GB 20052）中的要求。180MVA及以下主变压器宜采用自冷式变压器，180MVA以上主变压器宜选择自冷式或强制风冷式；对于沙漠风电发电项目，主变压器宜选用强制油循环风冷型主变压器。

3.2.3.3 站内66kV及以上配电装置采用户外GIS（或HGIS）设备。若升压站处于极寒地区（极端低温在–30℃以下），66kV及以上配电装置可根据项目实际情况调整为舱内GIS或建筑物内或户外AIS方式。高压配电装置选择主要遵从以下原则：

（1）站内330、500kV配电装置型式与设备选择应结合电网要求经技术经济比较后选择确定。

（2）站内220、110（66）kV配电装置设备可根据当地环境条件并结合电网要求采用AIS和GIS设备，优先选用GIS设备户外布置，沿海区域及其他受环境污秽条件或其他场地布置条件限制的可采用GIS设备户内布置。

（3）对于建设工期紧张的项目，可根据项目建设需要采用预制舱式布置。

（4）当选择GIS设备时，应采用简单接线方式。220（330）kV一般选用分相形式，110（66）kV可采用分相或共箱形式。

（5）对于AIS设备的选择，断路器一般采用瓷柱式SF$_6$断路器，当用于多年平均最低温度低于–30℃的高寒地区，易造成SF$_6$液化现象，应采用加热措施或采用SF$_6$罐式断路器；电流互感器宜采用油浸、倒置式；220kV隔离开关应根据母线不同型式选用垂直伸缩式、三柱水平旋转式或双柱水平伸缩式，110/66kV隔离开关可选用GW4型。对于重冰区，有融冰要求时，应结合当地电网要求，在线路侧配置融冰隔离开关。

（6）升压站66kV及以上避雷器宜采用瓷套式避雷器；线路的避雷器宜使用瓷套式避雷器。

（7）AIS设备中，66kV及以上电压互感器应选用电容式电压互感器。

3.2.3.4 高压配电装置送出线路间隔电流互感器参数宜与对侧变电站保持一致。

全站电流互感器二次额定电流值应统一。

3.2.3.5 35kV 及以下开关设备均采用户内成套开关柜。海拔 2000m 以上或布置空间受限时，宜采用 SF₆ 气体绝缘开关柜，若布置空间未受限，海拔 2000m 以下时，宜采用手车式空气绝缘开关柜。TV 柜内配置一次消谐及微机消谐装置。SVG 及电容器滤波回路宜采用 SF₆ 断路器，其他回路可采用真空断路器。

3.2.3.6 接地变压器、站用变压器选用干式且宜分开设置，布置在预制舱内或建筑物内。对污秽等级较低且场址无限制的地区以及海拔高于 2000m 以上时，也可采用油浸式，户外布置。

3.2.3.7 无功补偿装置选用水冷型动态无功补偿装置（SVG），预制舱布置。对于有特殊要求的地区，动态无功补偿装置可由 SVG 支路和 FC 支路组成，FC 支路配置与否应结合经济性与场地条件及谐波情况综合考虑。当使用 SVG 滤波功能时，SVG 容量应包括全场无功损耗和滤波所占用的容量。5Mvar 及以下容量的 SVG 型式选用降压式，冷却方式宜采用空调或水冷冷却；10Mvar 及以下容量的 SVG 型式可选用直挂式或降压式，冷却方式宜采用水冷；10Mvar 以上容量的 SVG 型式宜选用直挂式，冷却方式宜采用水冷。

3.2.3.8 主变压器低压侧与 35kV 配电装置之间选用铜排（外部应加绝缘护套）或全绝缘管型母线连接，若采用全绝缘管母线，应采用真空浸渍式或挤包绝缘式产品。

3.2.4 站用电系统

3.2.4.1 站用电系统应有两路可靠的电源。主变压器低压母线配置一台站用变压器作为工作变压器，当站址附近有可靠 10kV 电源线路时，向系统申请一路 10kV 备用电源。当 10kV 电源线路较远或不可靠时，配置一台柴油发电机作为站内备用电源。备用电源宜永临结合。

3.2.4.2 对于 220kV 及以上升压站 380/220V 站用电系统为单母线分段或双单母线接线，两台站用变压器各带一段负荷或每段母线均采用双电源切换，两路电源分别引自不同的站用变压器。110kV 及以下升压站/开关站 380/220V 站用电系统为单母线接线，两电源互为备用。站用电系统进线断路器可采用自动电源切换装置进行自动切换。站用电系统采用 TN-S 系统。当站用变压器与 400V 站用电屏安装在不同建筑物内时，站用变压器低压侧宜配置断路器或负荷开关，以防止单相接地短路故障扩大。站用变容量应按站内实际负荷经计算后确定。

3.2.4.3 对于有储能需求的项目，站用变压器容量需预留储能系统的用电需求。

3.2.4.4 站用电400V开关柜电源进线断路器均采用抽出式框架断路器，柜内需增加模块箱，用于火灾报警后的动力电源联切功能。工作电源和备用电源之间宜设置CB级自动切换装置（ATS），互为备用的工作电源之间宜采用手动切换。工作电源容量不宜小于全站计算负荷，备用电源容量宜与工作电源容量相同。当备用电源从站外引接容量受限或引自柴油机时，备用电源容量可适当减少，但不宜小于全站Ⅰ类负荷和重要Ⅱ类负荷之和，ATS动作时应联动切除剩余负荷。

3.2.4.5 带有区域级集（监）控中心功能的升压站/开关站，站用电至少应有2路分别来自不同母线或独立电源。

3.2.5 绝缘配合、过电压保护

3.2.5.1 电气设备的绝缘配合应符合《交流电气装置的过电压保护和绝缘配合设计规范》（GB/T 50064）中的有关规定。

3.2.5.2 氧化锌避雷器的选型应符合《交流无间隙金属氧化物避雷器》（GB/T 11032）及《交流电力系统金属氧化物避雷器使用导则》（DL/T 804）中的有关规定。

3.2.5.3 为防止线路雷电波过电压及操作过电压，在各出线侧、主变压器高低压侧及中性点侧和35kV母线均装设避雷器。

（1）110kV及以上避雷器标称放电电流按不小于10kA选择，35kV避雷器标称放电电流按5kA选择。

（2）变压器内外绝缘和其他电气设备的全波雷电冲击耐压与保护避雷器标称电流下残压间的配合系数不小于1.4。变压器和其他电气设备的截波冲击耐压与相应设备全波雷电冲击耐压比值不小于1.1。

（3）断路器同极断口间内绝缘及断路器、隔离开关同极断口间外绝缘的全波雷电冲击耐压应不小于断路器全波雷电冲击耐压。

（4）避雷器选择。氧化锌避雷器按《交流无间隙金属氧化物避雷器》（GB/T 11032）及国家电网公司输变电工程通用设备选型，作为各电压绝缘配合的基准。

主变压器中性点按分级绝缘设计，为防止主变压器中性点在非直接接地运行时受到大气过电压及不对称运行时引起的工频和暂态过电压损坏变压器绝缘，变压器中性点采用氧化锌避雷器与并联放电间隙配合保护。

35kV无功补偿装置由成套厂家配置相应氧化锌避雷器。

避雷器均需配置计数器。

当35kV系统的单相接地故障电容电流超过10A时，需装设专用接地变压器和电阻器接地。

为了消除谐振过电压，在35kV母线电压互感器的中性点装设消谐器，在开口绕组装设消谐装置。

（5）电气设备的绝缘水平。

1）110kV及以上系统以雷电过电压决定设备的绝缘水平，在此条件下一般都能耐受操作过电压的作用。雷电冲击的配合，以雷电冲击10kA残压为基准，配合系数取1.4。

2）35kV系统以雷电过电压决定设备的绝缘水平，在此条件下一般都能耐受操作过电压的作用。雷电冲击的配合，以雷电冲击5kA残压为基准，配合系数取1.4。

以上电气设备绝缘水平为在使用环境条件下做试验时的数据，当海拔超过1000m时，电气设备的外绝缘水平在海拔1000m以下做试验时应根据《交流电气装置的过电压保护和绝缘配合设计规范》（GB/T 50064）和《绝缘配合 第1部分：定义、原则和规则》（GB/T 311.1）及相关规范进行海拔修正。

（6）污秽等级、电气设备的外绝缘要求及绝缘子串的选择。绝缘子选择及套管选择应按照污秽等级对升压站/开关站户外电气设备电瓷外绝缘进行设计，所有电气设备的外绝缘均按照国家标准选择确定。

当海拔超过1000m时，绝缘子片数选择应根据《导体和电器选择设计规程》（DL/T 5222）进行海拔修正。

具体项目的污秽等级条件，根据项目所在地污区分布图确定。

（7）屋外配电装置最小安全净距。升压站/开关站站址海拔不高于1000m，屋外配电装置最小安全净距应满足《高压配电装置设计规范》（DL/T 5352）。

当海拔超过1000m时，35~1000kV配电装置的最小安全净距应根据《高压配电装置设计规范》（DL/T 5352—2018）附录A进行海拔修正。

3.2.5.4 预制舱舱体与带电导体的安全净距应满足《高压配电装置设计规范》（DL/T 5352—2018）5.1.2表格中带电部分至接地部分之间距离 A_1 值要求；相关设备带电时，预制舱舱顶严禁上人。

3.2.6 防雷接地

3.2.6.1 推荐采用避雷针或避雷带作为直击雷防护装置，有条件时优先选用构架避雷针。避雷针高度及根数需根据升压站/开关站内设备的具体布置情况计算得出，避雷针保护范围应涵盖所有电气设备用预制舱体。

3.2.6.2 升压站作为大接地短路电流系统，对保护接地、工作接地和过电压保护接地使用一个总的接地装置，升压站（开关站）接地电阻宜按不大于1Ω进行设计，并要求接地电阻$R \leqslant 2000 / I$（I为计算用经接地网入地的最大接地故障不对称电流有效值），当接地电阻不满足要求时，需采取降低接地电阻的措施，如使用降阻剂、做深埋接地极等。接地网在设计时应进行接地线的热稳定截面计算，同时要验算接触电位差和跨步电压，当接触电位差和跨步电压不满足时应采取措施。跨步电压和接触电压应符合现行国家规范《交流电气装置的接地设计规范》（GB/T 50065）的有关规定。

3.2.6.3 升压站/开关站主接地网以水平接地体为主，垂直接地体为辅，形成复合地网。在避雷器、避雷针及主变压器工作接地等处设垂直接地极做集中接地，并与主接地网连接。局部可制作绝缘地面，绝缘地面采用卵石。接地材料选择应遵循如下原则：

（1）同一区域内接地主材宜采用同一材质的材料。

（2）接地主材的设计使用寿命应与地面工程的设计年限一致。

（3）接地主材应满足接地装置全寿命周期的技术要求，选择时应进行经济性比较。

（4）室内变电站接地主材应采用纯铜。

（5）当选用阴极保护时应进行充分论证。在役热浸镀锌接地网为延长使用寿命可选用阴极保护，新建接地工程特殊情况，如必须采用热浸镀锌钢且很难满足设计寿命要求等，可选用阴极保护延长热浸镀锌钢使用寿命。阴极保护宜选用牺牲阳极法。

3.2.6.4 具体工程选材时应依据土壤腐蚀性评价结论进行选材：

（1）接地装置金属采用可选用普通碳素钢、热浸镀锌钢、锌包钢、铜覆钢、铜、不锈钢等。

（2）土壤腐蚀性为微时，可采用普通碳素钢或热浸镀锌钢。

（3）土壤腐蚀性为弱时，可采用热浸镀锌钢、锌包钢或铜覆钢。镀锌层厚度根据《金属覆盖层 钢铁制件热浸镀锌层 技术要求及试验方法》（GB/T 13912）的规定进行选择；铜覆钢的铜层厚度不应低于0.25mm。

（4）土壤腐蚀性为中时，宜采用热浸镀锌钢，可采用热浸镀锌钢联合阴极保护、铜覆钢、锌包钢等方法。锌包钢的锌层厚度不应低于0.1mm，铜覆钢的铜层厚度不应低于0.6mm，包覆层厚度宜根据锌或铜在当地土壤环境中的腐蚀速率进行设计。

（5）土壤腐蚀性为强时，宜采用热浸镀锌联合阴极保护方法，也可采用高纯铁、锌包钢、铜、铜覆钢、不锈钢或不锈钢复合材料。不锈钢或不锈钢复合材料在氯离子含量高的滨海土和盐渍土地区不宜使用。铜覆钢的铜层厚度不应低于0.8mm，包覆层厚度宜根据铜在当地土壤环境中的腐蚀速率进行设计。

3.2.6.5 当接地介质环境 pH ≤ 4.5，选用铜或铜覆钢作为接地材料时，应根据土壤腐蚀数据加大设计截面或加大铜层厚度。

3.2.6.6 与混凝土钢筋连接的接地材料选用铜或铜覆钢时，应采取降低电位差的措施。

3.2.6.7 在滨海区、填海区、高含盐量等特殊重腐蚀地区，应在进行腐蚀风险评估后选用耐腐蚀接地材料。

3.2.6.8 在使用铜或铜覆钢接地装置时，应考虑可能对接地网附近钢构架、地下电缆、管道等造成的电偶腐蚀，应进行腐蚀风险评估。

一般情况下，接地导体（线）、接地极材料采用镀锌钢，镀锌钢的镀锌层必须采用热镀锌的方法，且镀层要有足够的厚度，以满足接地装置设计使用年限的要求。接地扁钢规格应根据具体工程实际短路入地电流和土壤腐蚀速率进行选择验算。永冻土地区接地装置的敷设应满足《交流电气装置的接地设计规范》（GB/T 50065）的相关要求。

如升压站/开关站土壤电阻率较高，应考虑采用添加降阻剂、外引接地网、置换接地材料或深井接地等其他降阻措施。对升压站/开关站仅敷设人工接地体难以满足跨步电势及接触电势时，应考虑在经常操作的设备周围采用水平网格的均压带或高电阻的绝缘操作地面。升压站/开关站周围与道路相邻处人员经常出入的地方设置与接地网相连的帽檐式均压带。

3.2.6.9 在继电保护室、敷设二次电缆的沟道、开关场的就地端子箱等处，使用截面面积不小于100mm²的裸铜排（缆）敷设与主接地网紧密连接的等电位接地网。

3.2.7 站内动力、照明

3.2.7.1 照明设计应符合现行行业标准《发电厂和变电站照明设计技术规定》（DL/T 5390）的有关规定。

3.2.7.2 按功能区域配置检修电源，电源引自站用配电屏。

3.2.7.3 照明电源系统根据运行需要和事故处理时照明的重要性确定。

3.2.7.4 站内户外照明采用低位投光灯作为操作检修照明；沿道路设置草坪灯作为巡视照明。

3.2.7.5 照明均应采用LED型灯具。

3.2.7.6 应急照明系统设计及选型应满足《消防应急照明和疏散指示系统技术标准》（GB 51309）的要求。

3.2.7.7 应急照明、疏散照明需采用耐火电缆。

3.2.8 电缆选型与敷设

3.2.8.1 集电线路进站段电缆选用单芯电缆时，电缆沟内不同回路电缆分层按品字型布置。

3.2.8.2 站内电缆管、沟的布置按升压站／开关站最终规模统筹规划。管、沟之间及其与建构筑物之间在平面与竖向上应相互协调，远近结合，合理布置，便于扩建。管、沟宜沿道路，建构筑物平行布置，布置路径短捷、适当集中、间距合理、减少交叉，交叉时宜垂直相交。

3.2.8.3 220kV及以上电压等级升压站宜具备两条及以上完全独立的光缆敷设沟道（竖井）。同一方向的多条光缆或同一传输系统不同方向的多条光缆应避免同路由敷设进入二次设备舱。

3.2.9 预制舱

3.2.9.1 预制舱舱体内采暖、通风、空调、给排水、消防、照明、接地等均由预制舱厂家配置，满足相关规范要求。

3.2.9.2 舱体长度、宽度需要满足运输条件，对于长度超出运输限制的，可拆分为多个独立的舱体。

3.2.9.3 预制舱内应预留视频、火灾报警等辅助设备走线槽及安装位置。

3.2.9.4 二次设备舱应设置门禁系统。

3.2.9.5 一般规定（使用原则）。预装式升压站／开关站应设计成能够安全而方便地进行正常操作、检查和维护。预装式升压站／开关站的外观设计应美观并尽量与周边环境相适应，具有良好的视觉效果。预装式升压站／开关站的主要元件包括变压器、高压开关设备和控制设备、低压开关设备和控制设备、相应的内部连接线（电缆、母线等）和辅助设备。

3.2.9.6 模块划分。预装式升压站/开关站主变压器户外布置，GIS为户外布置/舱体内布置，其余电气设备均舱体内布置。根据功能划分主要分为GIS模块（如有）、35kV开关柜模块、无功补偿装置模块、接地变压器接地电阻成套装置模块、站用变压器模块、二次整体模块。具体模块可结合现场实际进行划分。

3.2.9.7 建站模式。制式升压站/开关站可采用落地平铺方式，也可选择立体建站模式，在用地紧张区域宜选用立体建站模式。

3.2.9.8 整体结构。

（1）预制舱舱体骨架为焊装一体式结构，应有足够的机械强度和刚度。在起吊、运输和安装时不会变形或损伤。舱体内开关柜不会因起吊运输造成的变形影响开关、隔离等设备的操作、运行。

（2）预制舱防护等级达到IP54，舱体接缝处防护等级不低于IP54，舱体内部采用钢板及阻燃绝缘隔板严格分成各个隔室，各个隔室之间的防护等级为IP2X。舱体外壳金属材料耐盐雾时间大于等于672h；舱体外壳金属材料交变湿热试验温度+55℃±2℃，时间大于等于144h；舱体耐火极限3h；抗震性能不低于8度。

（3）舱体的底架部件由型钢焊接而成。框架、门板及顶盖均采用优质冷轧钢板经喷砂、热喷锌防腐处理工艺或采用不锈钢材质。内部填充物采用建设部许可的聚氨酯防火保温材料，确保整个预制舱的保温和防火性能。

（4）预制舱舱体需要密封，以确保舱体的高低压设备、自动化设备、变压器等设备的可靠运行，并实现防尘、防潮、防凝露。

（5）预制舱外壳形状应不易积尘、积水，舱体顶盖应有明显散水坡度，防止雨水回流进入舱体。

（6）舱体具备良好的隔热性能，保证产品在一般周围空气温度下运行时所有电器设备的温度不高于其允许的最高温度，不低于其允许的最低温度。

（7）预制舱地面需配绝缘垫。

（8）各预制舱应预留火灾自动报警系统设备、视频监控摄像头的安装孔位，及线缆敷设通道。

3.2.9.9 预制舱防腐。预制舱体整体需进行防腐防锈处理，满足当地环境需求，以保证舱体30年不锈蚀。

3.2.9.10 预制舱暖通。

（1）预制舱体内设置自动温控系统，根据当地环境需求加装工业型加热装置，具备长时间加热功能，不得采用民用电暖气或暖风机，以保证舱体内运行环境的稳定性。

（2）预制舱体内设置同时具有自动启停空调系统和高湿排风装置，确保各个隔室内设备，尤其是自动化设备可靠运行。

（3）预制舱体内装设微正压空调系统，保证设备正常运行。

（4）预制舱体内设驱潮装置，保证内部元件不发生凝露。

（5）舱体内设置SF_6电气设备时，应设置SF_6监测以及自动排风系统，该系统主机应布置在舱体外部进出口处。

3.2.9.11 线缆通道。

（1）预制舱内的一、二次线缆的敷设需有专用的线缆通道，且相互独立、密闭，整体需满足A级耐火要求。

（2）一次电缆通道尺寸应满足电缆敷设以及合理弯曲半径要求设计，并在预制舱内合理布局。

（3）二次线缆通道应采用金属线槽，考虑抗干扰以及防电磁屏蔽措施。

3.2.9.12 预制舱紧急逃生措施。

（1）预制舱通道门板上需设置"推杠式"紧急逃生门锁，满足人员紧急逃生要求。

（2）门锁需满足防火要求，高可靠，长寿命。

（3）紧急逃生通道设置醒目的安全出口指示，相关通道指示设备均需考虑应急电源，以保证其可靠指示。

3.2.9.13 舱体照明。舱体应设置通道照明和事故照明，检修走廊内设置通道照明灯，照明灯采用防爆LED灯，并保证足够的照度，方便舱体内部的检修和试验，每台体检修走廊两端分别设置事故照明，并在全站停电的情况下能够自动启动，保证检修走廊内的事故照明。单元柜内设检修照明灯，并在操作面板上设置开关，以供检修时使用。

3.2.9.14 预制舱体运维与检修。

（1）舱体护栏与登舱梯对于立体建站模式，二层舱体需设置防护围栏，方便运维以及保证安全。

（2）柜体检修预制舱内通道应方便柜体检修，满足柜体单独移出要求，且可方便转移至舱外，具备整柜更换的功能。

（3）舱体防涡流措施当母线穿隔预制舱体时，应采取可靠的防涡流措施。

3.2.9.15 舱体接地。预制舱的舱体底架上应设专用接地导体，该接地导体上应设有与接地网相连接的固定接地端子，与预制舱内各设备接地和保护接地相连，并应有明显的接地标志。预制舱的金属骨架、高配电装置、低配电装置和变压器室的金属支架均应有符合技术条件的接地端子，并与专用接地导体可靠地连接在一起。预制舱每台舱体的底架外部应至少设有4个明显的接地点，以便现场进行舱体与基础接地网的连接。

电气二次设计

3.3.1 总体要求

3.3.1.1 风电场升压站/开关站电气二次设计应符合《无人值守变电站监控系统技术规范》（GB/T 37546）、《风电场监控系统技术规范》（NB/T 10321）、《电力工程直流电源系统设计技术规程》（DL/T 5044）、《变电站监控系统设计规程》（DL/T 5149）的有关规定。

3.3.1.2 风电场升压站/开关站电气二次设计应满足项目接入系统报告及批复和其他相关专题报告及批复的要求。

3.3.1.3 风电场电气二次设计应力求安全可靠、技术先进、经济适用，设备配置和功能要求按风电场"无人值班、少人值守"、区域集控中心"集中值班监控、区域化检修"的原则设计。

3.3.2 计算机监控系统

3.3.2.1 系统设备配置

升压站/开关站监控系统主要由站控层设备、间隔层设备和网络设备等构成。站控层设备按升压站/开关站远期规模配置，间隔层设备按工程实际建设规模配置。站控层设备包括主机兼操作员工作站、工程师站、Web服务器、远动通信设备、公用接口装置、打印机等，其中主机兼操作员工作站、远动通信设备按双套冗余配置。网络设备包括网络交换机、光/电转换器、接口设备和网络

③ 升压站／开关站设计

连接线缆、光缆及网络安全设备等。间隔层设备包括I/O测控装置等。I/O测控装置的配置原则：开关电气设备按每个电气单元配置，母线单元按每段母线单独配置，公用单元单独配置。35kV及以下采用保护测控一体化配置方式。

3.3.2.2 系统网络结构

监控系统间隔层的测控装置与站控层设备之间的连接结构推荐采用间隔层的测控装置直接上站控层网络，测控装置直接与站控层通信的方案。在站控层网络失效的情况下，间隔层应能独立完成就地数据采集监测和断路器控制功能。网络拓扑宜采用双以太网星形结构，110kV及以下升压站／开关站也可采用单以太网星形结构。

按照《电力监控系统安全防护规定》（国家发展和改革委员会令2014年第14号），计算机监控系统原则上划分为生产控制大区和管理信息大区，并根据业务系统的重要性和对一次系统的影响程度将生产控制大区划分为控制区（安全区Ⅰ）及非控制区（安全区Ⅱ），坚持"安全分区、网络专用、横向隔离、纵向认证"总体原则，重点强化边界防护，同时强化系统综合防护，提高厂站电力监控系统内部安全防护能力，保证电力生产控制系统及重要数据的安全。

3.3.2.3 系统功能

实现对升压站／开关站可靠、合理、完善的监视、测量、控制，并具备遥测、遥信、遥调、遥控等全部的远动功能和时钟同步功能，具有与远方调度中心和监控中心交换信息的能力。具体功能要求和技术指标按《变电站监控系统设计规程》（DL/T 5149）执行。

（1）信号采集。监控系统的信号采集类型分为模拟量、开关量。

1）模拟量包括电流、电压、有功功率、无功功率、频率、温度等，电气模拟量按照《电测量及电能计量装置设计技术规程》（DL/T 5137）进行交流采样。

2）开关量包括断路器、隔离开关以及接地开关位置信号，继电保护装置和安全自动装置动作及报警信号、运行监视信号、主变压器有载分接开关位置信号、全站其他二次设备事故及报警信号等。

（2）监控系统与继电保护的信息交换。监控系统与继电保护的信息交换可采用以下两种方式：

方式一：继电保护的跳闸信号以及重要的告警信号可采用硬触点方式接入I/O测控装置，宜采用非保持触点。

方式二：数字式继电保护装置可直接通过不同网口或串口与监控系统、保护信息管理子站连接，这样可按照监控系统和保护信息管理子站系统对保护信息量的不同要求，将保护信息分网上送至监控系统和子站系统。在监控系统后台还可实现继电保护装置软连接片投退、远方复归等功能。

（3）监控系统与其他智能设备的信息交换。对于直流系统、UPS系统、逆变电源、多功能电能表、火灾报警等智能设备，采用两种方式实现监控系统与智能设备的信息交换：

方式一：重要的设备状态量信号或报警信号采用硬触点方式接入I/O测控装置。

方式二：配置智能型公用接口装置，安装在二次设备室网络通信设备屏（柜）中，该公用接口装置通过RS-485串口方式实现与智能设备之间的信息交换，经过规约转换后通过以太网传送至监控系统主机。

（4）监控系统应具有与风电机组监控系统进行信息交换的功能。

（5）监控系统应可实现自动电压无功控制（AVQC）功能。

（6）防误操作闭锁功能。要实现全站的防误操作闭锁功能，可采用以下三种方案：

方案一：通过监控系统的逻辑闭锁软件实现全站的防误操作闭锁功能，同时在受控设备的操作回路中串接本间隔的闭锁回路。

方案二：监控系统设置"五防"工作站。远方操作时通过"五防"工作站实现全站的防误操作闭锁功能，就地操作时则由电脑钥匙和锁具来实现，在受控设备的操作回路中串接本间隔的闭锁回路。

方案三：配置独立于监控系统的专用微机"五防"系统。远方操作时通过专用微机"五防"系统实现全站的防误操作闭锁功能，就地操作时则由电脑钥匙和锁具来实现，同时在受控设备的操作回路中串接本间隔的闭锁回路。专用微机"五防"系统与升压站/开关站监控系统应共享采集的各种实时数据，不应独立采集信息。

本间隔的闭锁可以由电气闭锁实现，也可采用能相互通信的间隔层测控装置实现。

（7）通信规约的要求。监控系统与数字式继电保护装置的通信规约推荐使用《远动设备及系统　第5部分：传输规约　第103篇：继电保护设备信息接口配套标准》（DL/T 667）规约或《变电站通信网络和系统》（DL/T 860）规约，与电能计量计费系统通信规约推荐使用《远动设备及系统　第5部分：传输规

约 第102篇：电力系统电能累计量传输配套标准》（DL/T 719）规约。

监控系统与调度端网络通信采用《远动设备及系统 第5-104部分：传输规
约 采用标准传输协议集的IEC60870-5-101网络访问》（DL/T 634.5104）规约。

3.3.2.4 系统工作电源

升压站／开关站间隔层测控设备采用直流供电。

3.3.2.5 系统技术指标

系统技术指标应满足《变电站监控系统设计规程》（DL/T 5149）的要求。

3.3.2.6 元件保护

根据《继电保护和安全自动装置技术规程》（GB/T 14285）和《并网风电
场继电保护配置及整定技术规范》（DL/T 1631）的要求配置升压站／开关站继电
保护。

（1）220kV及以上主变压器保护配置。主保护包括按双重化配置的纵联差动
保护和非电量保护。差动保护包括差动速断保护、比率差动保护。非电量保护
包括本体轻重瓦斯保护、有载重瓦斯保护、压力释放保护、油温升高和过高保
护、绕组温度升高和过高保护、油位异常保护等。

后备保护按双重化配置。高压侧后备保护包括带偏移特性的阻抗保护、复
合电压闭锁过电流保护、中性点零序过电流保护、间隙零序电流保护和零序电
压保护、过负荷保护、高压侧断路器失灵保护。低压侧后备保护包括限时速断
过电流保护、复合电压闭锁过电流保护、零序电流保护、过负荷保护。330kV及
以上电压等级主变压器高压侧后备保护还应包括过励磁保护。

（2）110kV主变压器保护配置。主保护包括纵联差动保护和非电量保护。差
动保护包括差动速断保护、比率差动保护。非电量保护包括本体轻重瓦斯保护、
有载重瓦斯保护、压力释放保护、油温升高和过高保护、绕组温度升高和过高
保护、油位异常保护等。

高压侧后备保护包括复合电压闭锁过电流保护、零序电流保护、中性点间
隙电流保护、零序电压保护、过负荷保护。低压侧后备保护包括限时速断过电
流保护、复合电压闭锁过电流保护、零序电流保护、过负荷保护。

（3）35kV线路保护配置。应配置微机型电流速断保护、过电流保护、零序
电流保护、过负荷保护。如果电流保护不能满足灵敏度要求时，应根据实际选
择配置相间距离保护或全线速动保护。

（4）接地变压器保护配置。应配置微机型电流速断保护、过电流保护、零

序电流保护及非电量保护。

在中性点上还应配置两段式零序电流保护，作为接地变压器单相接地故障的主保护和系统各元件接地故障的总后备保护。

接地变压器接于低压侧母线时，电流速断保护和过电流保护动作于跳开接地变压器和主变压器同侧断路器；零序电流保护Ⅰ段动作于跳母联，Ⅱ段动作于跳开接地变压器和主变压器同侧断路器。

接地变压器直接接于主变压器低压侧出口时，电流速断保护和过电流保护动作于跳开主变压器低压侧断路器；零序电流保护Ⅰ段动作于跳母联，Ⅱ段动作于跳开主变压器低压侧断路器。

（5）站用变压器保护配置。应配置微机型电流速断保护、过电流保护、零序电流保护及非电量保护。

（6）35kV SVG保护配置。SVG的保护配置要求，直挂式SVG，应配置电抗器保护；降压式SVG，应配置变压器保护。对于配置升压变压器的SVG回路，当变压器容量大于10MVA时应配置差动保护及非电量保护。SVG成套装置内部应配置母线过电压保护、母线欠电压保护、SVG本体过电流保护、直流过电压保护、电力电子元件损坏检测保护、丢脉冲保护、触发异常保护、过电压击穿保护、阀室超温保护和系统电源异常保护等保护，一般由SVG控制器实现。

（7）35kV分段保护配置。母线分段配置微机型电流速断保护、过电流保护作为充电保护和后备保护。

（8）35kV母线保护配置。每段母线配置1套微机型专用母线保护。母线保护应具有差动保护、分段充电过电流保护、分段死区保护和复合电压闭锁功能。

3.3.2.7 直流、UPS及逆变电源系统

（1）直流系统。

1）直流系统电压。升压站/开关站操作直流系统电压采用220V。

2）蓄电池型式、容量、组数。

a.110（66）kV及以下升压站/开关站宜装设1~2组蓄电池，蓄电池宜采用阀控式密封免维护铅酸蓄电池。蓄电池容量按2h事故放电时间考虑，推荐容量为200~300Ah，具体工程应根据升压站/开关站规模、直流系统电压、直流负荷和直流系统运行方式进行核算确定。

b.220（330）kV升压站应装设2组蓄电池，蓄电池宜采用阀控式密封免维护铅酸蓄电池。蓄电池容量按2h事故放电时间考虑，推荐容量为300~500Ah，具

体工程应根据升压站规模、直流系统电压、直流负荷和直流系统运行方式进行核算确定。

3）充电装置型式及台数。110（66）kV及以下升压站／开关站宜装设1~2套高频开关充电装置，220kV升压站宜装设2套高频开关充电装置，330kV升压站宜装设3套高频开关充电装置。充电模块均按$N+1$配置。

4）直流系统接线方式。

a.装设1组蓄电池及1套高频开关充电装置的直流系统宜采用单母线接线。

b.装设2组蓄电池的直流系统应采用两段单母线接线，两段直流母线之间应设置联络电器。每组蓄电池及其充电装置应分别接入不同母线段。直流系统接线应满足正常运行时，两段母线切换不中断供电的要求，切换过程中允许2组蓄电池短时并列运行。

每组蓄电池均应设有专用的试验放电回路。试验放电设备宜经隔离和保护电器直接与蓄电池组出口回路并接。

5）直流系统供电方式。

a.升压站／开关站直流系统采用直流系统屏一级供电方式，不设置直流分电屏。

b.二次设备室的测控设备、保护设备、故障录波设备、自动装置等设备采用辐射式供电方式，35kV开关柜顶直流网络采用每段母线辐射供电方式。

6）其他设备配置。

a.每段直流母线应配置1套微机监控装置，根据直流系统运行状态综合分析各种数据和信息，对整个系统实施控制和管理，具有以太网或RS-485通信接口将信息上送至升压站／开关站监控系统。直流系统重要信息同时通过硬触点方式接入升压站／开关站监控系统。

b.每组蓄电池宜配置1套微机蓄电池巡检仪，检测蓄电池单体运行工况，对蓄电池充、放电进行动态管理。

c.在直流屏上装设微机直流绝缘监察装置，在线监视直流母线电压，过高或过低时应发出报警信号，还包括检测各直流馈线的接地情况。

d.直流电源系统除蓄电池组出口保护电器外，应采用直流专用断路器。蓄电池组出口回路宜采用熔断器，也可采用具有选择性保护的直流断路器。

e.对于不设单独的通信直流电源系统时，直流系统还应增设DC/DC电源变换装置，将220V直流电转换成-48V向通信设备供电。

（2）交流不间断电源（UPS）。升压站/开关站应配置一套电力专用交流不停电电源系统（UPS）。应采用双主机，带分段开关接线形式。UPS容量应根据所带负荷确定并考虑一定裕度，推荐容量为8~15kVA，最终容量须经过计算确定，且单机负载率不大于40%。

UPS主要负载包括：升压站/开关站综合自动化系统后台设备、风电机组计算机监控系统后台设备、调度自动化设备、火灾报警系统、视频安防系统、通信设备等。UPS应为静态逆变装置。

UPS宜为单相输出，输出电压为220V、50Hz。旁路输入电源宜为单相。备用直流输入由站用直流电源系统供电。备用电源切换时间应小于4ms。

UPS输出的配电屏（柜）馈线应采用辐射状供电方式。

UPS应具有计算机通信接口（RS-232和RS-485），将系统运行状态、主要数据等信息实现远传。

（3）逆变电源。升压站/开关站配置一套电力专用逆变电源装置，采用单机配置方式，容量应根据所带照明负荷确定并考虑一定裕度，推荐容量为3~5kVA。主要负载包括：事故照明、保护屏内照明等。

逆变电源应为静态逆变装置。逆变电源装置宜为单相输入、单相输出。输出电压为220V、50Hz。旁路输入电源宜为单相。备用直流输入由站用直流电源系统供电。备用电源切换时间应小于4ms。逆变电源装置应具有计算机通信接口（RS-232和RS-485）。

3.3.2.8 其他辅助二次系统

（1）全站时钟同步系统。

1）全站应设置一套公用的时间同步系统，完成对升压站/开关站监控系统站控层设备、间隔层继电保护装置、测控装置、自动装置、故障录波及保信子站、功角测量装置、风电机组监控系统及其他智能设备等所有对时设备的软、硬对时。

2）时间同步系统高精度时钟源应双重化配置（双钟双源，北斗优先），另根据需要配置扩展装置。扩展装置数量应根据二次设备的布置及工程规模确定。该系统宜具有与地基时钟源接口的能力。

3）时钟同步系统宜输出IRIG-B（DC）时码，1PPS、1PPM或时间报文，条件允许时也可采用IEC61588对时方式。时钟同步系统还应具有网络口、RS-232/485等对时输出口。

4）时间同步的精度指标应优于1μs，时间同步的准确度应优于55μs/h。

（2）火灾自动报警系统。

1）风电场升压站／开关站火灾报警设计应符合《火灾自动报警系统设计规范》（GB 50116）的有关规定。

2）消防火灾报警信号接入站内计算机监控系统。火灾报警器配备控制和显示主机，设有手动和自动选择器，联动控制可对其联动设备直接控制，并可以显示启动、停止、故障信号。

3）火灾自动报警控制器应具有通信串行口或网口与站内监控系统相连，以实现火灾报警部位信号和联动控制状态信号的实时监视。

4）火灾探测报警范围应包括各类舱体、建筑物、电缆夹层和主变压器等处。电缆竖井、电缆夹层、电缆桥架以及变压器（含主变压器和SVG降压变压器）等处敷设感温电缆。舱体内、建筑物等其他位置设置火灾探测器、消防电话、消防应急广播等。

5）火灾报警控制系统的报警主机、联动控制盘、火警广播、对讲通信等系统的信号传输线缆宜在线路进出建筑物处设置适配的信号线路浪涌保护器。

6）安装燃气的厨房内应设置可燃气体探测器。可燃气体探测器宜设置在可能产生可燃气体的部位附近，不宜设置在灶具正上方。可燃气体报警控制器应设置在中央控制室内。

7）火灾声光警报器应设置在每个楼层的楼梯口、建筑内部拐角等处的明显部位，且不宜与安全出口标志灯具设置在同一面墙上。

8）中央控制室内设置消防专用电话总机，消防水泵房、配电变压器电舱、二次舱、灭火控制系统操作装置处、值班室及其他与消防联动控制有关的且经常有人值班的机房处设置消防专用电话分机。消防专用电话分机应固定安装在明显且便于使用的部位，并应有区别于普通电话的标识。

9）站内应设置消防应急广播。

10）消防联动控制器应具有切断火灾区域及相关区域的非消防电源的功能，当需要切断正常照明时，宜在自动喷淋系统、消火栓系统动作前切断。

11）火灾报警系统信号线、电源线、电话线、音频线及消防联动线均应采用耐火电缆。

12）对于采用SF_6高压电力设备的房间，应配置SF_6浓度监测装置，报警的同时应启动风机。

13）火灾报警控制系统的电源应由站内不间断电源供电。

（3）视频监控及安全警卫系统。

1）风电场升压站/开关站视频监控设计应符合《变电站辅助设施监控系统技术规范》（GB/T 40773）的有关规定。

2）升压站/开关站内宜设置一套视频监控及安全警卫系统。其功能按满足安全防范要求配置，不考虑对设备运行状态进行监视。监视范围包括对全站主要电气设备、建筑物及周边环境进行全天候的图像监视，满足生产运行对安全、巡视的要求。

3）设备包括：视频监视主机、工业以太网交换机、录像设备、视频服务器、摄像机、编码器及沿升压站/开关站围墙四周设置远红外线探测器或电子栅栏等。其中视频监视主机、以太网交换机等后台设备按全站最终规模配置，并留有远方监视的接口。就地摄像头等前端设备按本期建设规模配置。系统应具有与火灾和防盗报警的联动功能，图像分辨率应达到CIF格式以上，传输、存储格式采用MPEG-4，兼容H.264或更高版本的成熟视频编解码标准，图像及报警等相关信息应能远传至调度中心或上级单位。视频监控系统屏由UPS电源供电，系统预留远方监视接口。

4）视频监控系统的图像监控对象为站区范围、主变压器外观及中性点接地开关、站内的全部户外断路器、隔离开关和接地开关、站内各主要设备舱体或电气设备间内等，实时监视站内的运行环境。

5）置于户外摄像机的输出视频接口应设置视频信号线路浪涌保护器。摄像机控制信号线接口处（如RS-485、RS-422等）应设置信号线路浪涌保护器。解码箱处供电线路应设置电源线路浪涌保护器。

6）系统的户外供电线路、视频信号线路、控制信号线路的接地及敷设应满足《建筑物电子信息系统防雷技术规范》（GB 50343）的要求。

（4）电视、电话及网络。

1）风电场升压站/开关站综合布线设计应符合《综合布线系统工程设计规范》（GB 50311）的有关规定。

2）综合布线系统，为站内提供无线网络、电话以及有线网络通道。电话插座、计算机网络插座及无线AP位置及数量根据具体建筑物和运营单位的使用需求确定。

3）进、出建筑物的传输线路上，应设置适配的信号线路浪涌保护器。被保护设备的端口处宜设置适配的信号浪涌保护器。网络交换机、集线器、光电端机的配电箱内，应加装电源浪涌保护器。

4）有线电话通信用户交换机设备金属芯信号线路，应根据总配线架所连接的中继线及用户线的接口形式选择适配的信号线路浪涌保护器。

5）电视、电话及网络系统的设计需由建设方确认，且各系统的设备配置、布线及调试由专业公司负责。

3.3.2.9 一次设备状态监测

（1）选用原则。

1）变电设备在线监测装置的选用应综合考虑设备的运行状况、重要程度、资产价值等因素，并通过经济技术比较，选用成熟可靠、具有良好运行业绩的产品。

2）对于设备状态信息的采样，不应改变一次设备的完整性和安全性。

3）变电设备在线监测装置的型式试验报告和相关技术文件应齐全、完整、准确、有效，并有一年以上的挂网运行证明。

4）变电设备在线监测系统配置，应以升压站/开关站为对象，综合考虑各种变电设备需求，制定具备统一信息平台的配置方案。

5）变电设备在线监测系统功能、结构、数据通信等技术要求需满足本规范及其他相关标准的要求。

6）随主设备配套的在线监测系统功能、结构、数据通信等技术要求，也须满足本规范及其他相关标准的要求。

（2）配置原则。基于在线监测技术的发展水平、在线监测系统应用效果以及变电设备重要程度，在线监测系统配置则如下：

1）变压器、电抗器。500kV（330kV）电抗器、330kV及220kV油浸式变压器宜配置油中溶解气体在线监测装置。

对于110kV（66kV）电压等级油浸式变压器（电抗器）存在以下情况之一的宜配置油中溶解气体在线监测装置：存在潜伏性绝缘缺陷；存在严重家族性绝缘缺陷；运行时间超过15年；运行位置特别重要。

220kV及以上电压等级变压器可根据需要配置铁芯、夹件接地电流在线监测装置。

500kV（330kV）及以上电压等级油浸式变压器可根据需要配置油中含水量在线监测装置。

220kV及以上电压等级变压器宜预留供日常检测使用的超高频传感器及测试接口，以满足运行中开展局部放电带电检测需要；对局部放电带电检测异常的，可根据需要配置局部放电在线监测装置进行连续或周期性跟踪监视。

220kV及以上电压等级变压器可预埋光纤测温传感器及测试接口。

2）断路器及GIS（含HGIS）。500kV及以上电压等级SF₆断路器或220kV及以上电压等级GIS可根据需要配置SF₆气体压力和湿度在线监测装置。

220kV及以上电压等级GIS应预留供日常检测使用的超高频传感器及测试接口，以满足运行中开展局部放电带电检测需要；对局部放电带电检测异常的，可根据需要配置局部放电在线监测装置进行连续或周期性跟踪监视。

220kV及以上电压等级SF₆断路器及GIS一般不考虑配置断路器分合闸线圈电流在线监测装置。

3）电容型设备。220kV及以上电压等级变压器（电抗器）套管可配置在线监测装置，实现对全电流、tanδ电容量、三相不平衡电流或不平衡电压等状态参量的在线监测。

对于110kV（66kV）电压等级电容型设备存在以下情况之一的宜配置在线监测装置：存在潜伏性绝缘缺陷；存在严重家族性绝缘缺陷；运行位置特别重要。

倒立式油浸电流互感器、SF₆电流互感器因其结构原因不宜配置在线监测装置。

4）金属氧化物避雷器。220kV及以上电压等级金属氧化物避雷器宜配置阻性电流在线监测装置。

5）其他在线监测装置应在技术成熟完善后，经由具有资质的检测单位检测合格方可试点应用。

3.3.2.10 二次接线

（1）电压互感器N600宜在二次设备舱中的电压转接屏内一点接地。

（2）电流互感器的二次回路必须有且只有一点接地。独立的、与其他互感器二次回路没有电气联系的电流互感器二次回路应在开关场一点接地，接地线不小于4mm²。每组主变压器保护动作应联跳低压母线上的有源设备，包括集电线路、SVG间隔和储能间隔。接地变压器保护动作应联跳低压母线上除站用变压器之外的所有间隔。上述跳闸出口应采用保护装置出口触点，出口触点数量应按远期考虑，并在招标阶段明确。

（3）双电源装置的两组电源宜引自不同段直流母线或UPS母线。

（4）相量测量装置宜采集外送线路、主变压器高低压侧、集电线路、SVG

间隔及储能间隔。

（5）电能质量在线监测装置宜采集外送线路、主变压器高低压侧及SVG间隔。

（6）控制电缆截面推荐：电流电压宜采用4mm²线缆，操作回路、出口回路宜采用2.5mm²线缆，信号回路宜采用1.5mm²线缆。

（7）当电力电缆与控制电缆或通信电缆敷设在同一电缆沟时，宜采用防火隔板进行分离。穿管敷设时，电力电缆与控制电缆或通信电缆应敷设于不同管中。控制电缆接线时屏蔽层两端应可靠接地。采用预制舱布置时，在二次设备舱内屏蔽层宜在保护屏上接于屏柜内的接地铜排；在开关场屏蔽层应在与高压设备端子箱接地。互感器每相二次回路经屏蔽电缆从高压箱体引至端子箱，电缆的屏蔽层在高压箱体和端子箱两点接地，舱外电缆沟内的屏蔽双绞线、网线、导引光缆等应穿管敷设。

3.3.2.11 二次设备布置

（1）升压站/开关站电气二次设备室应位于运行管理方便、电缆总长度较短的位置、设施应简化、布置应紧凑，面积应满足设备布置和定期巡视维护要求，屏位按升压站/开关站规划容量一次建成，并留有增加屏位的余地。

（2）所有二次系统保护测控屏（柜）的外形尺寸宜采用2260mm×800mm×600mm（高×宽×深），通信系统设备屏（柜）的外形尺寸可采用2260mm×600mm×600mm（高×宽×深），服务器屏柜可采用2260mm×750mm×1070mm（高×宽×深）。屏（柜）体结构为屏（柜）前单开门、屏（柜）后双开门、垂直直立、柜门内嵌式的柜式结构，前门宜为玻璃门，正视屏（柜）体转轴在左边，门把手在右边。

（3）升压站/开关站二次设备的布置一般采用集中布置方式。站内不设通信机房，集中设置控制室和二次设备室。站内监控系统站控层设备安装在控制室；35kV保护测控一体化装置就地分散布置于35kV配电装置室开关柜内。站内其他二次屏柜均布置于二次设备室。

（4）300Ah及以上蓄电池组应安装在各自独立的专用蓄电池舱内或在蓄电池组间设置防爆隔火墙；蓄电池安装宜采用钢架组合结构，可多层叠放，每层蓄电池最多摆放两排。专用蓄电池舱内不应安装开关和插座，应配置防爆型灯具、火警探测器及摄像头等防爆型辅助设施。直流电缆应采用A级阻燃耐火控制电缆。工程所在地地震设防烈度大于Ⅶ度时，应设置专用蓄电池室。

（5）二次设备室的备用屏位不少于总屏位的10%~15%。升压站/开关站内所有二次设备屏体结构、外形及颜色应一致。

3.3.2.12 二次设备室及继电器小室

二次设备室及继电器小室应尽可能避开强电磁场、强振动源和强噪声源的干扰，还应考虑防尘、防潮、防噪声，并符合防火标准。

土建工程

3.4.1 升压站 / 开关站站址选择

3.4.1.1 应根据风力发电场风机布置、集电线路设计、场内道路布置，结合接入系统设计的要求全面综合考虑。

3.4.1.2 升压站 / 开关站应考虑场址防洪因素，充分利用现有的防洪设施，升压站 / 开关站的防洪标准应符合表3.4-1的规定。

表 3.4-1　升压站 / 开关站防洪设计标准

电压等级（kV）	防洪重现期（年）
≥ 220	100
≤ 110	50

3.4.1.3 有防洪设计要求的升压站/开关站，应依据防洪设计报告的要求，对升压站/开关站站内及周边进行防洪设计。

3.4.2 总图设计

3.4.2.1 站区总布置占地要求

（1）升压站或开关站及运行管理中心用地为永久用地，包括变电站用地和生活服务设施用地。用地面积需按照当地规定确定是否包含边坡用地，如不包含需按围墙外1m的外轮廓尺寸计算。

（2）升压站或开关站用地包括生产建筑用地和辅助生产建筑用地。生产建筑用地包括升压设备、变配电设备、变电站控制室（升压设备控制、变配电设备控制、其他设备控制）用地；辅助生产建筑用地包括中央控制室、计算机室、站用配电室、电工实验室、通信室、库房、办公室、会议室、停车场等设施用地。

（3）生活服务设施用地包括职工宿舍、食堂、活动中心等设施用地。

（4）升压站或开关站及运行管理中心用地指标可参照表3.4-2、表3.4-3执行，但不应超过《电力工程项目建设用地指标（风电场）》（建标〔2011〕209号）中的相关要求。

表3.4-2　开关站建设用地及建设面积（不应超过）

编号	电站容量(MW)	值班形式	用地面积（m²）	总建筑面积（m²）
1	20	少人	2800	650
2	50	少人	4000	850

表3.4-3　升压站建设用地及建设面积（不应超过）

编号	升压站容量（MVA）	电压等级	地区	值班形式	用地面积（m²）	总建筑面积（m²）
1	1×100	110kV	北方	少人	6000	1250
2	1×100	110kV	南方	少人	5500	1230
3	1×200	220kV	北方	少人	6500	1600
4	1×200	220kV	南方	少人	6000	1550
5	2×250	220kV	北方	少人	12000	2050
6	2×200	220kV	南方	少人	10000	1950
7	4×200	330kV及以上	—	少人	29000	5400

注　其他容量参考执行。

（5）升压站或开关站及运行管理中心为填方场地，用地面积按工程设计用地面积计算。

（6）升压站或开关站及运行管理中心外围设置防洪及排水设施时，用地面积应按相应构筑物外边线的轮廓尺寸计算。

3.4.2.2 升压站／开关站总平面布置要求

（1）升压站／开关站总平面布置应按照最终规模统一规划、分期实施的原则进行设计。升压站/开关站的用地一般可考虑按最终规模一次性征用，当预计的建设周期较长时，对一次性征地和分期征地进行比选后确定。扩建工程升压站/开关站应充分利用现有设施。同一区域多个场站，根据区域新能源发展的整体规划，结合生产管控模式的总体要求，统筹设计场站生活办公建筑面积。

（2）站区总平面宜将近期建设的建（构）筑物集中布置，预留好后期空间，以利分期建设和节约用地。建筑物应根据工艺要求，充分利用自然地形（升压站/开关站的主要建筑物的长轴宜平行自然等高线布置，当地形高差较大时，可采用台阶式错层布置），布置上要紧凑合理，并宜使综合楼有较好的朝向，同时方便观察到各个配电装置区域。

（3）建（构）筑物的间距应满足防火要求。按《建筑设计防火规范》（GB 50016）、《火力发电厂与变电站设计防火标准》（GB 50229）和《风电场设计防火规范》（NB 31089）等相关规范执行。

（4）生产区布置形式。35kV配电装置和继电保护设备可优先考虑预制舱方案；无功补偿装置应优先考虑采用集装箱方案。

（5）储能装置布置。

1）当升压站/开关站内设置储能装置时，储能蓄电池设施与升压站/开关站之间的距离应满足《电化学储能电站设计规范》（GB 51048）和《预制舱式磷酸铁锂电池储能电站消防技术规范》（T/CEC 373）中的相关要求。

2）储能电站设备可优先考虑预制舱方案，各个设备之间应满足防火距离要求。

3）储能电站四周宜设置环形消防通道，并与外部道路连接，道路路面宽度不小于4m，转弯半径不小于9m。

4）储能电站与升压站/开关站之间应设置分隔围墙，储能电站四周应设置安全防护围墙。

（6）站区围墙。

1）升压站/开关站围墙型式应根据站址位置、城市规划和环境要求等因素综合确定。

2）升压站/开关站宜采用不低于2.5m高的实体围墙或金属栅栏，在填方区可适当降低围墙高度，对站区环境有要求的升压站/开关站可采用花格围墙或其他装饰性围墙。

3）站区围墙应根据节约用地和便于安全保卫的原则力求规整，地形复杂或山区变电站的站区围墙应结合地形布置。

4）站区实体围墙应设伸缩缝，伸缩缝间距不宜大于30m。在围墙高度及地质条件变化处应设沉降缝。

5）根据电气设备的布置和要求，需要时在设备四周设置围栏。

6）升压站／开关站的主入口宜面向当地主要道路，便于引接进站道路。城市变电站的主入口方位及处理要求应与城市规划和街景相协调。

7）升压站／开关站主入口的大门、大门两侧围墙及标识墙、警传室（如有的话）可进行适当艺术处理，并与站前区建筑相协调。

8）站区大门宜采用轻型电动门，门宽应满足站内大型设备的运输要求，大门高度不宜低于1.5m。

3.4.2.3 站区竖向布置要求

（1）升压站／开关站竖向布置应合理利用地形，根据工艺要求、交通运输、土方平衡等因素综合考虑。当升压站／开关站占地面积较大时，自然地形坡度在5%以上时，竖向布置宜采用分区块、阶梯式布置；当升压站／开关站占地面积较小时，自然地形坡度在8%以上时，竖向布置宜采用分区块、阶梯式布置。

（2）场地设计坡度应根据设备布置、土质条件、排水方式确定。道路纵向坡度确定宜采用0.5%~2%，有可靠排水措施时，可小于0.5%，局部最大坡度不宜大于6%，必要时采取防冲刷措施。屋外配电装置为硬母线时，垂直于母线方向放坡更合理，屋外配电装置平行于母线方向时，场地设计坡度不宜大于1%。

3.4.2.4 管沟布置应符合的规定

（1）站区内电缆沟、上下水管、油管布置时按沿道路、建（构）筑物平行布置的原则，从整体出发，统筹规划，在平面与竖向上相互协调，远近结合，间距合理，减少交叉。同时应考虑便于检修和扩建。

（2）站区电缆沟沟壁应采用砖或混凝土沟壁。应根据地区气候条件、地质条件及电缆沟的宽度灵活选择。盖板可采用平铺式或嵌入式包角钢钢筋混凝土盖板。电缆沟顶宜高出室外绿化地面100mm。考虑到电缆沟积水过多无法排出时，应在电缆沟最低点设计一集水坑。

3.4.2.5 站内道路及场地处理应符合的规定

（1）站内道路应综合考虑施工、运行、检修及消防要求。

（2）站区道路宜采用C30水泥混凝土路面，下铺水泥稳定层及碎石层，确保道路稳定。110kV及以下升压站／开关站站内道路宽度4.0m，220kV升压站站内道路宽度4.5m，330kV及以上升压站站内道路宽度5.5m。道路转弯半径不应小于9m。

（3）户外配电装置场地根据需要，布置巡视小道，巡视小道宽1.5m，部分场地可利用电缆沟作巡视小道。凡需进行巡视、操作和检修的设备，在设备支架柱中心外1.0m范围内铺设150mm厚碎石垫层，150mm厚C20混凝土操作地坪。

3.4.3 建筑设计

3.4.3.1 设计原则

（1）根据集团公司要求风电场电站人员配置按照2人/万kW标准配置休息，休息室的按照25m²/2人设置；办公面积按管理人员9m²/人设置，其他人员不设置固定办公室；会议室使用面积宜为30m²，如考虑使用人数较多可以适当增大面积，按每人使用面积2.5m²考虑，餐厅（包括后厨和储藏）的面积按照3.7m²/人。

（2）餐厅厨房的就餐人数按照《饮食建筑设计标准》（JGJ 64）中小型食堂设计，厨房区域和食品库房面积之和与用餐区域面积之比为大于等于12.0。

（3）升压站/开关站站内需要设置危废品库房（含油品库房）应单独设置，危废品库房设置应满足建（构）筑物间距的防火要求。按《建筑设计防火规范》（GB 50016）、《火力发电厂与变电站设计防火标准》（GB 50229）等相关规范执行。

3.4.3.2 综合楼

升压站/开关站设置综合楼可以选用两层或局部二层框架结构建筑。综合楼应具备以下功能区：继电保护室、资料室、办公室、生活备品间、中央控制室、会议室、值班室、餐厅、厨房以及公共卫生间等。

3.4.3.3 辅助用房

辅助用房为地上一层、局部地下一层的框架结构建筑，主要功能区：水泵房、车库、备品备件库，建筑面积、建筑高度及外立面造型与周边建筑物统一。

3.4.3.4 危废品用房

危废品用房为单层砖混结构建筑，功能为储藏危废物品。平面尺寸应满足当地环评要求。建设有困难时，可采用预制危废品舱。

3.4.3.5 建筑材料

建筑材料（如：外墙、内墙、门窗、吊顶）依据当地气候条件，应优先选用当地易购买的建材；建筑外围护材料应满足当地建筑节能指标。屋面防水层均采用卷材防水。室内、外防火门根据消防要求选用。外门窗采用断桥铝门窗（严寒地区可采用三玻或双层窗）。

室内装修建议标准参见表3.4-4。

表 3.4-4 室内装修建议标准

房间名称	楼（地）面	墙面	顶棚
门厅、走道	玻化砖（600mm×600mm，米黄色）	乳胶漆（白色）	石膏板吊顶
蓄电池室	耐酸地砖（600mm×600mm，米黄色）	耐酸涂料（米黄色）	耐酸涂料（白色）
生活备品间	地砖（600mm×600mm，米黄色）	乳胶漆（白色）	乳胶漆（白色）
餐厅	玻化砖（600mm×600mm，米黄色）	乳胶漆（白色）	乳胶漆（白色）；采用轻钢龙骨石膏板吊顶
中央控制室	防静电地板	乳胶漆（白色）	采用轻钢龙骨石膏板吊顶
继电保护室	玻化砖（防静电、600mm×600mm，米黄色）	乳胶漆（白色）	采用轻钢龙骨石膏板吊顶
办公室、会议室、资料室、档案室、休息室、活动室	玻化砖（600mm×600mm，米黄色）	乳胶漆（白色）	乳胶漆（白色）；一层或上方为同层排水式卫生间时采用轻钢龙骨石膏板吊顶
卫生间、厨房、洗衣间	防滑地砖（300mm×450mm，白色）	瓷砖（300mm×300mm，米黄色）	铝合金集成吊顶

续表

房间名称	楼（地）面	墙面	顶棚
35kV配电装置室、SVG装置室	地砖地面	乳胶漆（白色）	乳胶漆（白色）
备品间、水泵房及设备间、车库、备用库房	细石混凝土	防水涂料（白色）	防水涂料（白色）
水池	防水砂浆	防水砂浆	水泥砂浆

注 1.公用卫生间换气、照明设备采用分离式，宿舍卫生间换气、照明、取暖采用一体机。

2.南方升压站/开关站地面应考虑防潮措施。

3.为方便综合楼继电保护室电缆铺设，继电保护室建议采用防静电架空地板，当继电保护室采用室内电缆沟形式时，宜采用混凝土沟壁。电缆沟的宽度根据实际需要确定，盖板应与室内地面平齐。

4.危废间地面建议设置隔油措施。

3.4.3.6 单体外观设计

（1）办公生活区的建筑建议采用平顶，以适应全国大部分地区的气候及施工条件。

（2）入口大门、围墙的设计体现集团公司标志元素。

3.4.4 升压站/开关站结构设计

3.4.4.1 应根据《建筑抗震设计规范》（GB 50011）及《中国地震动参数区划图》（GB 18306）并结合所在乡镇确定站内建（构）筑物的结构安全等级和抗震设防分类，结合地勘报告提供的本场地地震烈度，明确升压站/开关站内建（构）筑物结构抗震构造措施等。

3.4.4.2 主要建筑物宜采用钢筋混凝土框架结构，结合地勘报告确定地基方案、基础形式和地基处理方案。

3.4.4.3 浅表地层承载力较低，土质松散，厚度较大，难以挖除，但下卧层条件较好的地基宜选用复合地基，复合地基可采用水泥土搅拌法、水泥粉煤灰碎石桩法（CFG桩）、高压喷射注浆法。以淤泥质土为主的地基，宜采用预应力高强混凝土管桩（PHC）或钻孔灌注桩基础。湿陷性黄土宜采用灰土挤密桩复合地基、灰土换填垫层法或强夯进行地基处理。液化土地基宜采用碎石桩或桩基础。当基础范围内存在岩溶、溶洞时，可采用素混凝土、毛石混凝土、级配碎石等填筑的方式进行处理。

3.4.4.4 建筑物天然地基宜采用柱下独立基础；复合地基宜采用条形基础。

3.4.4.5 变压器基础采用钢筋混凝土筏板基础，事故油池采用现浇钢筋混凝土箱形结构。变压器集油坑内宜采用成品钢格栅。

3.4.4.6 构架、支架结构形式可选用钢筋混凝土等径环型杆或钢管杆结构，架构爬梯应增加护笼。

3.4.4.7 避雷针宜采用钢管结构或格构式钢塔架结构。

3.4.4.8 构筑物及设备基础宜采用现浇混凝土结构。

3.4.4.9 材料要求：钢筋混凝土宜采用C30混凝土及以上，素混凝土宜采用C20混凝土及以上。钢筋宜采用HRB400及HPB300钢筋，抗震设防烈度7度及以上时，钢筋宜按照相关规范要求选用。砌体结构及砌体填充墙的砌体强度等级和砂浆强度等级需满足国家现行相关规范、标准的要求。

3.4.4.10 当地下水、土对结构具有腐蚀性时，应根据《工业建筑防腐蚀设计规范》（GB 50046）进行防腐设计。

3.4.4.11 站区场地平整工程宜挖填平衡。边坡宜采用坡率法放坡，当边坡高度较大（>6m）时，可采用坡率法与挡墙结合的支挡方式。挡墙宜采用重力式挡土墙。边坡防护宜采用骨架植物护坡。

3.4.4.12 所有钢结构应进行防腐处理，宜采用表面热浸镀锌处理方式，现场焊接部分可采用环氧富锌底漆+环氧云铁中间漆及丙烯酸聚氨酯系统。

3.4.5 采暖通风及空气调节应符合的规定

3.4.5.1 升压站/开关站建筑采暖通风及空调设计遵守《发电厂供暖通风与空气调节设计规范》（DL/T 5035）、《工业建筑供暖通风与空气调节设计规范》（GB 50019）、《民用建筑供暖通风与空气调节设计规范》（GB 50736）、《火力发电厂与变电站设计防火标准》（GB 50229）、《建筑设计防火规范》（GB 50016）中的相关要求。

3.4.5.2 供暖方式的选择应根据建筑物的功能及规模，所在地区气象条件、能源状况、能源政策、环保等要求，通过技术经济比较确定。

3.4.5.3 所有工作场所严禁采用明火采暖。无采暖热源时，升压站/开关站建筑物宜采用电加热供暖方式。宿舍楼等居住建筑结合实际需求可采用发热电缆地面辐射供暖方式，蓄电池室、柴油发电机房、油品库等房间应采用防爆型电暖器。

3.4.5.4 冬季无人设备房间（包括配电装置室、柴油发电机房、水泵房等）室内环境温度不低于5℃，集中控制室、网络继电器室、蓄电池室、住宿办公房间室内环境温度不低于18℃。直通室外的进、排风口应考虑防寒措施。

3.4.5.5 位于非采暖地区，具有高海拔、冬季冻雨、极端最低气温较低等特点的山地风电场，全站应考虑冬季采暖。

3.4.5.6 配电装置室、无功补偿装置室、蓄电池室、柴油发电机房应设置通风系统，夏季蓄电池室维持室内温度不高于30℃，其他房间维持室内温度不高于35℃。当通风不能维持室内温度要求时，应采取空调降温措施。柴油发电机房及蓄电池室采用防爆型通风和空调设备。

3.4.5.7 位于南部多雨地区，湿度较大地区的风电场，升压站/开关站内配电装置室、无功补偿装置室、蓄电池室应考虑除湿。

3.4.5.8 柴油发电机房及蓄电池室应设置换气次数不少于每小时6次的事故通风系统。当采用机械排风系统时，事故排风机应兼作通风机使用。

3.4.5.9 配电装置室若有含SF_6设备，应设置事故排风系统，事故排风口位于房间下部。排风机选用防腐型，事故通风时，事故排风机根据室内SF_6气体浓度启停，保证室内空气中SF_6浓度不超过6000mg/m³。

3.4.5.10 油品库排风机选用防爆型，油品库排风系统兼事故通风。当采用机械进风、机械排风时，排风量比进风量大20%。

3.4.5.11 预制舱舱体内采暖、通风及空调设备由预制舱厂家配置，满足相关规范要求。

3.4.6 给排水设计要求

3.4.6.1 升压站/开关站给排水设计遵守《建筑给水排水设计标准》（GB 50015）、《变电站与换流站给水排水设计规程》（DL/T 5143）、《室外给水设计标准》（GB 50013）、《室外排水设计标准》（GB 50014）、《火力发电厂与变电站设计防火标准》（GB 50229）、《建筑设计防火规范》（GB 50016）中的相关要求。

3.4.6.2 供水系统设计应符合以下规定：

（1）应按照风电场规划容量统一规划，分期建设。

（2）站内生活和消防用水可采用市政自来水或打井取水方式。在市政水源水压、水量满足使用要求的情况下，优先选用市政水源，若无市政水源，则由深井泵供应。

（3）如采用打井取水，深井供水量不宜小于7.5m³/h，满足生活水箱和消防水池补水需求，其中消防水池补水时间不大于48h。深井泵扬程根据抽水试验报告和供水压力经计算确定。

（4）当供水水源水量或水压不满足要求时，应在站内设置生活水加压调蓄设施。升压站／开关站加压调蓄设施可由变频恒压供水装置、生活水箱和消毒装置组成。

（5）生活饮用水系统的水质，应符合《生活饮用水卫生标准》（GB 5749）的规定。当不符合要求时，需设置净水设备对水质进行处理，处理工艺根据原水水质经技术经济比较确定。

（6）生活给水宜选用成套净水装置。生活水箱宜选用不锈钢成品水箱。

（7）变频恒压供水设备配有生活水泵2台，1用1备；气压罐1台。变频生活水泵与站内管网压力联锁。

（8）室外生活给水管宜采用钢骨架聚乙烯塑料复合管，室内生活给水管宜采用PPR管。

（9）生活用水主要包括生活盥洗用水、食堂用水、绿地浇洒、冲洗车辆等生产、生活用水及未预见用水量和管网漏失水量。生活盥洗用水按照150L/（人·d）设计；办公用水按照30L/（人·d）设计；食堂用水按照20L/（人·餐）设计；绿地浇洒和冲洗车辆按照2L/（m²·d）设计，未预见用水量和管网漏失水量按照总用水量的10%考虑。

3.4.6.3 排水系统设计应符合以下规定：

（1）应按照风电场规划容量统一规划，一次建设完成。

（2）雨污水管道室内部分应采用UPVC管，室外部分可采用钢带聚乙烯双壁波纹管、钢筋混凝土管等排水管材，承插连接。

（3）升压站／开关站内污水应采用有组织排水系统，站内污水汇集到化粪池沉淀后，经污水处理设备处理达到《城市污水再生利用 城市杂用水水质》（GB/T 18920）规定后进行回用，夏季作为站内绿化、道路冲洗用水，冬季多余产水外排。

（4）升压站／开关站面积较小，且多处于北方干旱地区，雨水宜采用散排方式。当升压站／开关站位于南方多雨地区或升压站／开关站不具备雨水自然散排条件时应设置雨水排水系统。

（5）站内电缆沟及事故油池排水应采用有组织排水，当重力自流困难时，可在电缆沟及事故油池附近设置潜水提升泵，将雨水排出站外。潜水提升泵应设置液位控制器，自动启停。

3.4.6.4 生活热水。

（1）生活区宿舍楼、综合楼生活热水可采用太阳能热水、电热水器等供热方式，当宿舍楼、综合楼屋面不设光伏组件时，宜设置太阳能热水系统。

（2）生活区宿舍楼、综合楼采用集中集热、分散供热太阳能热水系统或分散集热、分散供热太阳能热水系统时，宜采用电加热作为辅助热源。

（3）日照时数大于1400h/a且年太阳辐射量大于4200MJ/m²及年极端最低气温不低于−45℃的地区，其日照时数及年太阳能辐照量可按《建筑给水排水设计标准》（GB 50015）规定取值。

消防设计

风力发电场的消防设计应贯彻"预防为主，消防结合"的方针，遵守《风电场设计防火规范》（NB 31089）、《风力发电机组消防系统技术规程》（CECS 391）、《火力发电厂与变电站设计防火标准》（GB 50229）、《建筑设计防火规范》（GB 50016）、《建筑灭火器配置设计规范》（GB 50140）、《电力设备典型消防规程》（DL 5027）、《建筑防火通用规范》（GB 55037）中的相关规定；同时需考虑当地消防部门的意见。

3.5.1 一般消防原则

3.5.1.1 贯彻"预防为主、防消结合"的消防工作方针，做到防患于未"燃"。严格按照规程规范的要求设计，采取"一防、二断、三灭、四排"的综合消防技术措施。

3.5.1.2 工程消防设计与升压站/开关站总平面布置统筹考虑，保证消防车道、防火间距、安全出口等满足有关要求。

3.5.1.3 升压站/开关站一般离城镇较远，可借助的社会消防力量有限，消防设计立足于自救。

3.5.1.4 升压站／开关站应按《火力发电厂与变电站设计防火标准》（GB 50229）、《建筑设计防火规范》（GB 50016）设置消防给水系统。

3.5.1.5 各个建构筑物按《建筑灭火器配置设计规范》要求配置移动式灭火器。

3.5.2 建筑消防

3.5.2.1 站区建筑物与构筑物在生产过程中的火灾危险性分类及耐火等级见表 3.5-1。

表 3.5-1　建（构）筑物的火灾危险性分类及其耐火等级

序号	建（构）筑物名称		火灾危险性分类	耐火等级
1	中央控制室、通信室		戊	二级
2	继电保护室（包括蓄电池室、直流盘室）		戊	二级
3	电缆夹层、电缆隧道		丙	二级
4	配电装置楼（室）	单台设备油量 60kg 以上	丙	二级
5		单台设备油量 60kg 及以下	丁	二级
6		无含油电气设备	戊	二级
7	屋外配电装置	单台设备油量 60kg 以上	丙	二级
8		单台设备油量 60kg 及以下	丁	二级
9		无含油电气设备	戊	二级
10	油浸变压器室		丙	二级
11	下式变压器室		丁	二级
12	电容器室（有可燃介质）		丙	二级
13	干式电容器室		丁	二级
14	油浸电抗器室		丙	二级
15	干式铁芯电抗器室		丁	二级
16	总事故储油池		丙	二级
17	生活、消防水泵房，水处理室，消防水池		戊	二级

序号	建（构）筑物名称		火灾危险性分类	耐火等级
18	雨淋阀室，泡沫设备室		戊	二级
19	污水、雨水泵房		戊	二级
20	材料库、工具间	有可燃物	丙	二级
21		无可燃物	戊	二级
22	锅炉房		丁	二级
23	柴油发电机室及其储油间		戊	二级
24	汽车库，检修间		丁	二级
25	办公室，警传室		—	二级
26	宿舍，厨房，餐厅		—	二级

3.5.2.2 升压站/开关站内设备与建（构）筑物及设备之间的防火间距、站内建（构）筑物间的防火间距不小于表3.5-2中数值。

表 3.5-2 建（构）筑物及设备之间的防火间距 m

建构筑物、设备名称			丙、丁、戊类生产建筑		屋外配电装置 每组断路器油量（t）	可燃介质电容器（室、棚）	总事故贮油池	办公生活建筑	
			耐火等级					耐火等级三级	
			一、二级	三级	< 1			一、二级	三级
丙、丁、戊类生产建筑耐火等级	耐火等级	一、二级	10	12	—	10	5	10	12
		三级	12	14		10	5	12	14
屋外配电装置	每组断路器油量（t）	< 1	—	—	—	10	5	10	12
油漫变压器和电抗器	单台设备油量（t）	≥ 5, ≤ 10	10			10	5	15	20
		> 10, ≤ 50						20	25
		> 50						25	30

续表

建构筑物、设备名称			丙、丁、戊类生产建筑		屋外配电装置 每组断路器油量（t）	可燃介质电容器（室、棚）	总事故贮油池	办公生活建筑	
			耐火等级					耐火等级三级	
			一、二级	三级	＜ 1			一、二级	三级
可燃介质电容器（棚）			10	10	—	5	15	20	
事故贮油池			5	5	5	—	10	12	
办公生活建筑	耐火等级	一、二级	10	12	10	15	10	6	7
		三级	12	14	12	20	12	7	8

注 1. 建构筑物防火间距应按相邻两建构筑物外墙的最近距离计算，如外墙有凸出的燃烧构件时，则应从其凸出部分外缘算起。

2. 相邻两座建筑两面的外墙为非燃烧体且无门窗洞口、无外露的燃烧屋檐，其防火间距可按本表规定减少 25%。

3. 相邻两座建筑较高一面的外墙如为防火墙时，其防火间距可不限，但两座建筑物门窗之间的净距不应小于 5m。

4. 生产建构筑物侧墙外 5m 以内布置油浸变压器或可燃介质电容器等电气设备时，该墙在设备总高度加 3m 的水平线以下及设备外廓两侧各 3m 的范围内，不应设有门窗、洞口；建筑物外墙距设备外廓 5~10m 时，在上述范围内的外墙可设甲级防火门，设备高度以上可设防火窗，其耐火极限不应小于 0.90h。

5. 屋外配电装置与其他建构筑物的间距，除注明者外，均以架构计算。

6. 生产建筑和办公生活建筑宜各自单独设置，若场地受限或其他原因生产建筑和办公生活建筑需相邻设置时，两幢建筑之间应设置防火墙，防火墙上若需设门，需采用能自动关闭的甲级防火门。两幢建筑均需按独立的防火分区设置出入口，两侧建筑物门窗之间的净距不应小于 5m。

7. 设置带油电气设备的建构筑物与贴邻或靠近该建构筑物的其他建构筑物之间应设置防火墙。

3.5.2.3 升压站 / 开关站内应设环形道路，主干道宽度大于等于 4.0m，主变压器侧道路宽度大于等于 4.5m。道路转弯半径为 9m，消防车可顺利通至各建（构）筑物及主变压器附近，便于消防。

3.5.2.4 站内主要电气设备房间的门应向疏散方向开启，并采用防火门。

3.5.2.5 建筑装修采用不燃或难燃材料，升压变电站内装修工程严格执行《建筑内部装修设计防火规范》（GB 50222）的规定。中央控制室等工艺设备房间，以及消防水泵房，其室内装修采用A级不燃材料。

3.5.3 电气消防

3.5.3.1 当为户外变电站时，消防水泵、自动灭火系统、与消防有关的电动阀门及交流控制负荷应按Ⅱ类负荷供电；如为户内变电站、地下变电站应按Ⅰ类负荷供电。

3.5.3.2 升压站/开关站内的火灾自动报警系统和消防联动控制器，当本身带有不停电电源装置时，应由站用电源供电；当本身不带有不停电电源装置时，应由站内不停电电源装置供电。当电源采用站内不停电电源装置供电时，火灾报警控制器和消防联动控制器应采用单独的供电回路，并应保证在系统处于最大负载状态下不影响报警控制器和消防联动控制器的正常工作，不停电电源的输出功率应大于火灾自动报警系统和消防联动控制器全负荷功率的120%，不停电电源的容量应保证火灾自动报警系统和消防联动控制器在火灾状态同时工作负荷条件下连续工作3h以上。

3.5.3.3 消防用电设备采用双电源或双回路供电时，应在最末一级配电箱处自动切换。

3.5.3.4 升压站/开关站内主要疏散通道、楼梯间及安全出口等处，均设置有火灾事故照明灯及疏散方向标志灯。

3.5.3.5 消防用电设备应采用专用的供电回路，当发生火灾切断生产、生活用电时，仍应保证消防用电，其配电设备应设置明显标志；其配电线路和控制回路宜按防火分区划分。

3.5.3.6 应急照明、火灾自动报警、自动灭火装置、防排烟设施、消防水泵、消防电梯等联动系统应采用阻燃或耐火电缆；变压器风冷却装置、通信电源、远动装置、控制系统、保护测控装置电源等重要负荷应采用双回供电回路。升压站/开关站内的消防供电其他事宜应按照《火力发电厂与变电站设计防火标准》（GB 50229—2019）11.7执行。

3.5.3.7 消防应急照明、疏散指示标志应采用蓄电池直流系统供电，疏散通道应急照明、疏散指示标志的连续供电时间不应少于30min，继续工作应急照明连续供电时间不应少于3h。消防应急照明及疏散指示相关设备及布置按照《消防应急照明和疏散指示系统技术标准》（GB 51309）执行。

3.5.3.8 长度超过100m的电缆沟或电缆隧道，应采取防止电缆火灾蔓延的阻燃或分隔措施，并应根据变电站的规模及重要性采取下列一种或数种措施：

（1）采用耐火极限不低于2.00h的防火墙或隔板，并用电缆防火封堵材料封堵电缆通过的孔洞。

（2）电缆局部涂防火涂料或局部采用防火带、防火槽盒。

3.5.3.9 电缆从室外进入室内的入口处、电缆竖井的出入口处，建（构）筑物中电缆引至电气柜、盘或控制屏、台的开孔部位，电缆贯穿隔墙、楼板的空洞应采用电缆防火封堵材料进行封堵，其防火封堵组件的耐火极限不应低于被贯穿物的耐火极限，且不低于1.00h。

3.5.3.10 升压站／开关站主要电气房间根据其火灾危险性等级，配备烟感探测装置及手动报警器。各房间所有通往室外的孔洞均采用防火材料封堵。

3.5.3.11 升压站／开关站应设置火灾自动报警系统。系统设计选择的主要设备有：智能型火灾自动报警控制器、分布智能型点式感烟、手动报警按钮、声光报警器等。其中，火灾自动报警控制器应设置于中央控制室内，作为风电场的报警控制中心。

3.5.3.12 除住宅建筑的燃气用气体部位外，建筑内可能散发可燃蒸气的场所应设置可燃气体探测报警装置。

3.5.3.13 消防控制室（可与主控室合并）、消防水泵房、柴油发电机房、站用电配电室以及发生火灾时仍需要正常工作的消防设备房应设置备用照明，其作业面的最低照度不应低于正常照明的照度。

3.5.3.14 消防控制室应满足《建筑防火通用规范》（GB 55037—2022）4.1.8的规定，消防控制室应位于建筑物的首层或者地下一层，疏散门应直通室外或安全出口。

3.5.4 消防给水

3.5.4.1 升压站／开关站应设置消防给水系统。当升压站／开关站内建筑物满足耐火等级不低于二级，体积不超过3000m³，且火灾危险性为戊类时，可不设消防给水。

3.5.4.2 站内消防水源宜与生活水源一致。站内应设置独立的消防水池，消防水池补水时间不应大于48h。

3.5.4.3 站内消防用水量应按火灾时一次最大室内和室外防用水量之和计算。

3.5.4.4 消防给水采用独立给水系统，宜采用临时高压给水系统，由2台室外消防主泵（一用一备）、一套消防稳压设备（2泵1罐）、室外消防管网组成。消防水泵及稳压设备布置在消防水泵房内。消防主管网在室外成环状，配置6套25m衬胶水带及水枪。

3.5.4.5 升压站/开关站室内外消防给水管道宜采用加厚钢管或无缝钢管，室内消防给水管道宜采用热浸镀锌钢管。管道公称压力为1.0MPa，室外消防水管道管顶覆土厚度不小于当地最大冻深0.15m。

3.5.4.6 阀门型式：埋地管道的阀门宜采用带启闭刻度的暗杆闸阀，当设置在阀门井内时可采用耐腐蚀的明杆闸阀；室内架空管道的阀门宜采用蝶阀、明杆闸阀或带启闭刻度的暗杆闸阀；室外架空管道宜采用带启闭刻度的暗杆闸阀或耐腐蚀的明杆闸阀。

3.5.4.7 阀门材质：埋地管道的阀门应采用球墨铸铁阀门，室内架空管道的阀门应采用球墨铸铁或不锈钢阀门，室外架空管道的阀门应采用球墨铸铁阀门或不锈钢阀门。

3.5.4.8 室内消火栓按2支消防水枪的2股充实水柱布置，消火栓的布置间距不应大于30.0m。消火栓栓口动压力大于0.50MPa时，应采用减压稳压型消火栓。

3.5.4.9 预制舱式储能电站消防灭火系统要求如下：

（1）电池预制舱内应设置细水雾、气体等固定自动灭火系统，灭火系统类型、技术参数应经《预制舱式磷酸铁锂电池储能电站消防技术规范》（T/CEC 373—2020）附录A电力储能用模块级磷酸铁锂电池实体火灾模拟试验验证。固定自动灭火系统的启动应根据"先断电、后灭火"的原则，先行断开舱级储能变流器的断路器和簇级继电器后，方可启动灭火系统进行灭火。

（2）预制舱式储能电站应设置消防给水系统，消火栓灭火系统的火灾延续时间不应小于3.00h，自动喷水灭火系统的火灾延续时间应根据《预制舱式磷酸铁锂电池储能电站消防技术规范》（T/CEC 373—2020）附录A试验结果确定，但不应小于1.00h。

（3）预制舱式储能电站室外同时使用消防水枪数量不应少于4支，消火栓用水量不应小于20L/s。

（4）消火栓宜在场地内路边均匀布置，间距不应大于60m，检修阀之间的消火栓数量不应大于5个。

3.5.4.10 预制舱舱体内灭火设施由预制舱厂家配置，满足相应规范要求。

3.5.5 暖通消防

3.5.5.1 站内综合楼等建筑物走道长度若大于20m时，宜优先采用自然排烟方式，设置自然排烟窗（口）困难时可采用机械排烟。自然排烟窗（口）面积、机械排烟量计算按《建筑防烟排烟系统技术标准》（GB 51251）执行。

3.5.5.2 蓄电池、油品库、柴油发电机等房间采用防爆型采暖通风空调设备。当火灾发生时，送排风系统、空调系统应能自动停止运行。当采用气体灭火系统时，穿过防护区的通风或空调风道上的阻断阀应能立即自动关闭。

3.5.5.3 预制舱舱体内防火排烟设施由预制舱厂家配置，满足相关规范要求。

3.5.6 其他消防措施

3.5.6.1 升压站/开关站主要电气房间有配电装置室、中央控制室、继电保护室、蓄电池室等，根据其火灾危险性等级，配置一定数量的手提式灭火器，同时配备烟感探测装置及手动报警器。各房间所有通往室外的孔洞均采用防火材料封堵。

3.5.6.2 站内主变压器单台容量大于125MVA时，应设置水喷雾灭火系统或排油注氮灭火装置（灭火系统选择应满足当地消防部门要求）。

3.5.6.3 在主变压器附近配置推车式灭火器，同时配备1m³砂箱、消防斧铲等。

可再生资源利用

根据《建筑节能与可再生能源利用通用规范》（GB 55015），升压站/开关站应进行可再生能源利用设计。

3.6.1 一般规定

3.6.1.1 可再生能源建筑应用系统设计时，应根据当地资源与适用条件统筹规划。

3.6.1.2 采用可再生能源时，应根据适用条件和投资规模确定该类能源可提供的用能比例或保证率，以及系统费效比，并应根据项目负荷特点和当地资源条件进行适宜性分析。

3.6.2 太阳能利用

3.6.2.1 新疆建筑物应安装太阳能系统。

3.6.2.2 在既有建筑物上增设或改造太阳能系统，必须经建筑结构安全复核，满足建筑结构的安全性要求。

3.6.2.3 太阳能系统应做到全年综合利用，根据使用地的气候特性、实际需求和适用条件，为建筑物供电、供生活热水、供暖或（及）供冷。

3.6.2.4 太阳能建筑一体化应用系统的设计应与建筑设计同步完成。建筑物上安装太阳能系统不得降低相邻建筑的日照标准。

3.6.2.5 太阳能系统与构件及其安装安全，应符合下列规定：

（1）应满足结构、电气及防火安全的要求。

（2）由太阳能集热器或光伏电池板构成的围护结构构件，应满足相应围护结构构件的安全性及功能性要求。

（3）安装太阳能系统的建筑，应设置安装和运行维护的安全防护措施，以及防止太阳能集热器或光伏电池板损坏后部件坠落伤人的安全防护设施。

3.6.2.6 太阳能系统应对下列参数进行监测和计量：

（1）太阳能热利用系统的辅助热源供热量、集热系统进出口水温、集热系统循环水流量、太阳总辐照量，以及按使用功能分类的下列参数：

1）太阳能热水系统的供热水温度、供热水量。

2）太阳能供暖空调系统的供热量及供冷量、室外温度、代表性房间室内温度。

（2）太阳能光伏发电系统的发电量、光伏组件背板表面温度、室外温度、太阳总辐照量。

3.6.2.7 太阳能热利用系统应根据不同地区气候条件、使用环境和集热系统类型采取防冻、防结露、防过热、防热水渗漏、防雷、防雹、抗风、抗震和保证电气安全等技术措施。

3.6.2.8 防止太阳能集热系统过热的安全阀应安装在泄压时排出的高温蒸汽和水不会危及周围人员的安全的位置上，并应配备相应的设施；其设定的开启压力，应与系统可耐受的最高工作温度对应的饱和蒸汽压力相一致。

3.6.2.9 太阳能热利用系统中的太阳能集热器设计使用寿命应高于15年。太阳能光伏发电系统中的光伏组件设计使用寿命应高于25年，系统中多晶硅、单晶硅、薄膜电池组件自系统运行之日起，一年内的衰减率应分别低于2.5%、3%、5%，之后每年衰减应低于0.7%。

3.6.2.10 太阳能热利用系统设计应根据工程所采用的集热器性能参数、气象数据以及设计参数计算太阳能热利用系统的集热效率，且应符合表3.6-1的规定。

表 3.6-1　太阳能热利用系统的集热效率 η　　　%

太阳能热水系统	太阳能供暖系统	太阳能空调系统
≥ 42	≥ 35	≥ 30

3.6.2.11 太阳能光伏发电系统设计时，应给出系统装机容量和年发电总量。

3.6.2.12 太阳能光伏发电系统设计时，应根据光伏组件在设计安装条件下光伏电池最高工作温度设计其安装方式，保证系统安全稳定运行。

3.6.2.13 太阳能光伏发电系统接入应满足如下要求：

（1）太阳能屋面光伏采用的设备及接入应满足国家电网公司或南方电网公司相关技术要求。

（2）太阳能光伏发电系统本体设计可参照《集中式光伏发电工程设计导则》进行。

（3）升压站／开关站内屋面光伏通过低压并网柜或者接入箱接入站内站用电系统，站0.4kV开关柜内需预留一路光伏接入开关，预留开关额定电流视光伏装机容量而定。

（4）光伏接入箱或柜内配置隔离开关、断路器、电流互感器、多功能数显表、浪涌保护器等设备，实现光伏电能的测量。当整站光伏装机容量不超过50kW，且无特殊要求（如设置单独测量小室）时，可选择配置光伏接入箱。整站光伏装机容量超过50kW，或有特殊要求（如设置单独测量小室）时，可选择配置光伏接入柜，光伏接入柜型式宜与升压站内0.4kV开关柜保持一致。

4 劳动安全与工业卫生

一般规定

4.1.1 风电场工程设计应认真贯彻"安全第一，预防为主，综合治理"的方针，劳动安全与工业卫生设施必须与主体工程同时设计、同时施工、同时投入生产和使用。

4.1.2 在可行性研究报告中应有劳动安全与工业卫生的设计内容；安全预评价应在可行性研究设计报告审查之前完成。审定的安全预评价报告及其评审意见，作为下阶段工程设计、招投标、土建施工、设备安装、机组投产后运行管理及主管部门进行检查、安全监督管理、竣工验收和后评估的依据。

4.1.3 劳动安全与工业卫生的工程设计必须在各项专业设计中落实安全预评价报告和审批意见中的各项安全防护措施，对安全预评价报告中的主要结论和建议应在工程设计中有相应的技术组织措施进行响应，同时应满足《风力发电场安全规程》（DL 796）、《风电场工程安全预评价报告编制规程》（NB/T 31028）、《陆上风电场工程可行性研究报告编制规程》（NB/T 31105）、《风电场工程安全验收评价报告编制规程》（NB/T 31027）和《风力发电场项目建设工程验收规程》（GB/T 31997）等规定。

主要危险有害因素分析

4.2.1 分析说明气象、地质等自然条件及周围环境条件对风电场工程选址以及总体布置的不安全因素及其可能危害。

4.2.2 分析说明可能引发火灾、影响电力生产安全及电网安全运行、造成人员财产重大伤亡损失的主要建（构）筑物、设备事故。

4.2.3 分析说明在生产运行和维护过程中可能发生的火灾、爆炸、电气伤害、机械伤害、物体打击伤害、高处坠落伤害、起重伤害、车辆伤害、自然灾害等危险因素及其可能造成人员伤亡、财产损失的严重后果。

4.2.4 分析说明场区生产作业场所可能存在的噪声、高温、低温、潮湿、腐蚀、沙尘、有害物质、电磁辐射等有害因素及其可能危害工作人员身心健康的严重后果。

4.2.5 按照分部工程或事故类型简要分析工程施工期危险、有害因素。若施工过程中存在火工器材库、炸药库和燃油库，则应对其进行重大危险源辨识。

4.2.6 如工程采用了新工艺、新技术、新材料或新设备，应对其可能产生的危险、有害因素进行重点分析。

工程安全卫生设计

根据工程施工期、运行期可能存在的危险、有害因素分析，提出相应的工程安全卫生设计要求。

4.3.1 工程防火、防爆

4.3.1.1 设计应总体考虑消防给水、灭火设施、消防配电、电缆防火等系统。

4.3.1.2 风电机组机舱内和塔筒底部应配备灭火设备。电气元件及精密仪器仪表的灭火宜采用填充材料为 CO_2 等无残留、无二次损伤的灭火装置，其余其他部件宜采用干粉灭火设备。

4.3.1.3 风电场升压站建构筑物之间的安全距离应满足《变电站总布置设计技术规程》（DL/T 5056）。建筑防火分区、防火隔断、防火间距、安全疏散、消防通道、电缆/线的防火与阻燃设计应符合《建筑设计防火规范》（GB 50016）、《建筑内部装修设计防火规范》（GB 50222）、《火力发电厂与变电站设计防火标准》（GB 50229）、《电力工程电缆设计标准》（GB 50217），并应同时满足相应等级升压站设计技术规程对消防的要求。

4.3.1.4 风电场升压站消防设备的配置应满足《建筑灭火器配置设计规范》（GB 50140）、《电力设备典型消防规程》（DL 5027）中的要求。

4.3.1.5 充油、充压力气体、充或释放可燃性液体及气体的设备，应针对爆炸源及因素采取相应的防爆防护措施。设计应符合《建筑设计防火规范》（GB 50016）、《爆炸危险环境电力装置设计规范》（GB 50058）、《电力工程电缆设计标准》（GB 50217）、《交流电气装置的接地设计规范》（GB/T 50065）、《电力工程直流电源系统设计技术规程》（DL/T 5044）及其他有关标准、规范的规定。

4.3.2 防有毒气体

充油设备、电缆/线集中场所、SF_6设备、蓄电池、材料设备存储、放置间等，易释放有毒气体，设计时应满足《电力工程电缆设计标准》（GB 50217）、《工业企业设计卫生标准》（GBZ 1）、《电力安全工作规程 发电厂和变电站电气部分》（DL/T 408）、《高压配电装置设计规范》（DL/T 5352）、《六氟化硫电气设备运行、试验及检修人员安全防护导则》（DL/T 639）的要求，采取针对性的防护措施，有害物的浓度不超过现行的国家有关卫生标准的规定。

4.3.3 防电气伤害

4.3.3.1 电气设备的布置均应满足《高压配电装置设计规范》（DL/T 5352）规定的电气安全净距要求。

4.3.3.2 防雷击事故设计应满足《建筑物防雷设计规范》（GB 50057）的要求，并严格进行工程防雷设施的安装质量验收。

4.3.3.3 风电场、升压站应设有接地网，其接地电阻、接触电势和跨步电势均应符合《交流电气装置的接地设计规范》（GB/T 50065）的要求，确保设备及操作人员的人身安全。

4.3.3.4 对于误操作可能带来人身触电或伤害事故的设备或回路，均设置电气联锁装置或机械联锁装置以确保安全。

4.3.3.5 所有高压开关柜均应具有五防功能。

4.3.3.6 工作照明及事故照明设计中的各工作场地的照度均应满足《发电厂和变电站照明设计技术规定》（DL/T 5390）的要求。

4.3.3.7 电气设备外壳正常运行时的最高温升，运行人员经常触及的部位不大于

30K；运行人员不经常触及的部位不大于40K；运行人员不触及的部位不大于65K，并设有明显的安全标志。

4.3.4 防机械伤害及坠落伤害

4.3.4.1 对旋转设备进行检修维护时，应防止转动设备产生的机械伤害。建构筑物内均应考虑高空物件、设备意外坠落伤人、人员高空跌落受伤的影响，应有现场安全操作规程及相应的防护措施。

4.3.4.2 机械设备的布置设计中应满足有关标准规定的防护安全距离要求，在设备采购中要求制造厂家提供的设备符合《生产设备安全卫生设计总则》（GB 5083）、《机械安全 防护装置 固定式和活动式防护装置的设计与制造一般要求》（GB/T 8196）等有关标准的规定。

4.3.5 防噪声及振动伤害

4.3.5.1 噪声控制的设计应满足《工业企业噪声控制设计规范》（GB/T 50087）的规定，当人员不得不在噪声环境中作业时，需有防护措施，并满足《生产过程安全卫生要求总则》（GB/T 12801）及国家其他相关规定。

4.3.5.2 从振动源上进行控制并采取隔离、减振等措施，防振动设计应符合《动力机器基础设计标准》（GB 50040）及其他有关标准、规范的规定。

4.3.6 防电磁辐射

根据《风电场工程劳动安全与职业卫生设计规范》（NB/T 10219），风电场工程设计时应进行防电磁辐射设计，在接触电磁辐射的工作场所，对作业人员的辐射防护要求要满足《工作场所有害因素职业接触限值 第2部分：物理因素》（GBZ 2.2）的规定限值，选用满足防护微波辐射要求的产品及防护措施，在设计时应满足对人、对物的距离要求。

4.3.7 防车辆伤害

依照国家相关法规，并根据现场实际施工建设、运行维护的需要，以保护人的生命安全为根本出发点，编制现场车辆交通管理守则，规范车辆的进出、行驶及使用权限等。

4.3.8 防传染病

疾病防治应依照《中华人民共和国传染病防治法》中相关规定，制定现场人员管理及传染病防治守则，制定可行有效的传染病应急预案并成立日常防治小组，并明确相关责任人。

劳动安全与卫生机构及设置

4.4.1 根据法律法规制定相关职业安全卫生制度。

4.4.2 明确工程安全管理机构和专职（或兼职）管理人员。

4.4.3 明确应配置的安全卫生检测仪器设备及宣传教育设备的配置标准。

4.4.4 明确风电场内设置安全标志的场所（部位、通道），安全标志的类型、图形文字、颜色等的基本原则和要求应符合《电力生产企业安全设施规范手册》的有关规定。

工程运行期安全管理

4.5.1 贯彻"安全第一、预防为主、综合治理"的方针，落实工程安全与工业卫生技术措施，提出风电场安全生产指导原则、安全管理目标、安全生产责任制、运行规章制度、反事故措施和劳动保护措施、安全生产教育及培训制度、安全生产监督等管理和制度建设要求。

4.5.2 事故应急预案。

4.5.2.1 风电场的突发事故应有一个系统的应急救援预案，该预案须在风电场投产前经有关部门的审批。预案应对风电场在运行过程中出现的突发事故有一个较全面的处理手段，在事故发生的第一时间内及时做出反应，采取措施防止事故的进一步扩大。在事故未查明之前，除特殊情况外（如抢救人员生命等），当班运行人员应保护事故现场，防止设备损坏。

4.5.2.2 按照《生产经营单位生产安全事故应急预案编制导则》（GB/T 29639）和《生产安全事故应急预案管理办法》（应急管理部令第2号）的规定，说明事故应急预案的编制、评审、备案和实施等相关要求。

4.6

劳动安全与卫生专项投资概算

风电场劳动安全与卫生专项投资概算分为建筑工程、设备及安装工程、独立费用三部分。

4.6.1 建筑工程，是指专项用于生产运行期作业场所内为预防、减少、消除和控制危险和有害因素而建设的永久性劳动安全与工业卫生建筑工程设施，如安全防护工程、房屋建筑工程以及其他工程等。

4.6.2 设备及安装工程，是指专项用于生产运行期作业场所内为预防、减少、消除和控制危险和有害因素而购置的劳动安全与工业卫生设备、仪器及其安装、率定等，如安全监测设备及安装工程、防护设备工程、应急救援系统以及其他设备、安装工程等。

4.6.3 独立费用，是指安全预评价、设计及验收评价过程中发生的相关独立费用，如专项咨询服务费、专项评审及验收费、安全生产培训费等。

5 环境保护与水土保持

5.1

环境保护

5.1.1 环境保护设计应执行国家环境保护的法律法规；污染物排放不得超过国家、地方及行业规定的排放标准和主要污染物总量控制指标。环境影响报告书（表）及环境保护主管部门对环境影响报告书（表）的批复文件是环境保护设计的依据，其中规定的各项环境保护措施必须与主体工程同时设计、同时施工、同时投入运行。

5.1.2 风电场场址需满足生态环境保护要求，即场址选择须符合国家及地方环境保护规划、地方总体规划、环境功能区划、生态功能区划、生态红线等的要求；场址应避开自然保护区、风景名胜区、世界文化和自然遗产地、饮用水保护区和文物保护单位；应尽量避开基本农田保护区、野生动物重要栖息地、重点保护野生植物生长繁殖地、重要湿地和集中居民点。

5.1.3 环境保护目标包括地表（下）水环境质量、环境空气质量、土壤环境质量、生态环境质量、声环境质量等。根据场址区域环境功能区划，确定地表水、大气环境、声环境执行的环境质量标准，确定大气污染物、水污染物、噪声等执行的污染物排放标准。

5.1.4 风电场工程环境状况调查包括自然环境（包括地形、地貌、地质、气候、气象）、社会环境（包括社会经济结构、土地利用、交通旅游、文物保护等）、生态环境（包括动植物资源种类、数量、分布、珍稀濒危动植物资源分布等）。

5.1.5 风电场工程施工对环境的影响主要包括：施工对土地利用的影响，应调查工程永久占地和临时占地的土地性质、数量，分析工程占地对土地的所有者造成的影响；施工过程中的污废水产生及排放对水环境等的影响，应分析施工过程中污废水量、特征污染物源强、污废水处理工艺及排放去向及其对受纳水环境影响；施工活动对生态环境的影响，应分析施工对植被破坏、对陆生动物及鸟类栖息、觅食、繁殖、迁徙等活动的影响；施工过程中的主要噪声源及源强，评价施工噪声对周围环境、保护目标和施工人员的影响；工程施工中产生的扬尘和废气造成局部区域的空气污染，分析评价扬尘和废气对周围环境保护目标和施工人员的影响；分析施工期施工废水及生活污水、工程弃渣、生活垃圾等对环境的影响。

5.1.6 风电场工程运行期的环境影响主要包括：风电机组运行噪声对声环境影响，应分析叶片扫风产生的气动噪声和机组内部的机械运转产生的噪声对周围敏感目标和工作人员健康的影响；风电机组运行对鸟类等动物栖息、觅食、繁殖和迁徙的影响；风电场输变电设施对周围环境的电磁辐射影响；风电场及配套设施运行产生的各类污废水及固体废弃物对受纳环境的影响；其他包括风电场建设对社会经济的影响、对自然景观的影响等。

5.1.7 根据风电场施工期和运行期对环境影响因素，提出环境（水环境、声环境、环境空气）保护设计，固体废弃物影响、电磁辐射保护、生态环境减缓或补偿等环境保护措施。

5.1.8 环境管理与监测计划。明确施工期项目建设单位、施工单位和监理单位各自的环境管理职责；明确运行期风电场环境管理机构、人员安排及职责；确定施工期及运行期环境监测调查项目、站位、频次，一般包括声环境、电磁环境、污废水水质监测，涉及生态敏感目标时应进行生态环境调查。

5.1.9 环境保护投资概算。提出风电场工程环境保护各分项投资和总投资概算。

5.1.10 节能和环境效益。根据风电场设计装机规模及上网电量，计算工程年可节约化石能源及水资源量，计算年污染物排放减排量。根据工程施工及运行方案，分析计算污染物排放及生态环境破坏造成的环境损失经济价值。

水土保持设计

5.2.1 水土保持设计应执行国家水土保持法律法规，以水土保持方案报告书和水行政主管部门的批复文件为设计依据，其中水土保持设施应当与主体工程同时设计、同时施工、同时投入使用。

5.2.2 简述项目区水土流失现状（土壤侵蚀类型、土壤侵蚀强度、成因）和水土保持现状（明确"两区划分"情况，涉及国家及省级重点治理项目的，应重点说明）；分析评价主体工程设计及施工组织中的具有水土保持功能的措施，并提出完善意见。

5.2.3 根据风电场工程建设土石方平衡分析，明确工程弃土、弃渣的数量及去向。弃土、弃渣等应当综合利用；不能综合利用，确需废弃的，应当堆放在专门存放地，并采取措施保证不产生新的危害。

5.2.4 水土流失防治责任范围及防治分区。

5.2.4.1 水土流失防治责任范围。根据《开发建设项目水土保持技术规范》（GB 50433）及"谁开发谁保护，谁造成水土流失谁治理"的原则确定项目的水土流失防治责任范围，水土流失防治责任范围包括项目建设区和直接影响区。项目建设区应包括永久占地和临时占地；直接影响区是指除项目建设区外，由于受施工活动的影响可能造成水土流失的区域。

5.2.4.2 水土流失防治分区。水土流失防治分区应在确定防治责任范围的基础上进行划分。应根据主体工程布置、施工特点和时序、地形地貌、土壤和植被等特征，以及拟采取的水土保持防治措施等因素，确定工程的水土流失防治分区。风电场工程一般可分为以下防治分区：风电机组区、升压站区、集电线路区、交通道路区、施工生产生活区、料场区、弃渣场区和其他区域。

5.2.5 水土流失预测。

5.2.5.1 工程建设扰动原地貌、损坏土地和植被面积包括工程永久占地及临时占地。

5.2.5.2 根据地方水土流失防治费和补偿费征收、管理、使用的有关规定，明确缴纳水土保持补偿费的计费面积。

5.2.5.3 采用类比法和实地调查相结合的方法，按施工准备期、施工期、自然恢复期三个时段，预测风电场工程可能产生的水土流失量和新增水土流失量。

5.2.5.4 简述工程土石方开挖、扰动地貌、占压土地和损坏植被可能对项目区及周边地区水质、生态环境和景观造成的不利影响和危害。

5.2.5.5 根据预测结果，提出新增水土流失产生的主要环节和时段，指出产生水土流失的重点区域和时段，明确水土流失防治和水土保持监测的重点区域和时段。

5.2.6 水土保持方案。

5.2.6.1 水土流失防治目标。依据《生产建设项目水土流失防治标准》（GB/T

50434），按照项目所处水土流失防治区和区域水土保持生态功能重要性，确定工程水土流失防治执行的标准。结合工程区域自然条件、水土流失现状等情况制定建设期和试运行期的水土流失防治目标。

5.2.6.2 水土流失防治措施。根据主体工程布局、施工工艺以及水土流失特点等，结合水土流失防治责任范围的划分和主体工程中具有水土保持功能的分析与评价，按照布局合理、技术可行的原则，根据水土流失的防治目标和各区具体情况，明确各防治分区的水土流失防治措施及工程量。

5.2.7 水土保持监测。水土保持监测内容主要包括：主体工程建设进度、工程建设扰动土地面积、水土流失灾害隐患、水土流失及造成的危害、土壤侵蚀模数背景值、水土保持工程建设情况、水土流失防治效果以及水土保持工程设计、水土保持管理等方面。监测时段应从施工准备期前开始，至设计水平年结束。监测方法采用定点观测和调查监测相结合的方式进行，以定点观测为主，实地调查为辅。监测的重点应包括水土保持方案落实情况，料场、弃渣场使用情况及安全要求落实情况，扰动土地及植被占压情况，水土保持措施实施状况，水土保持责任制度落实情况等。

5.2.8 水土保持工程投资。提出风电场工程项目水土保持各分项投资和总投资。

5.2.9 水土保持方案实施的保证措施。

5.2.9.1 明确确保工程水土保持方案实施的组织领导和管理措施。

5.2.9.2 明确确保工程水土保持方案实施的技术保证措施。

5.2.9.3 明确水土保持投资的资金来源及使用管理办法。

5.2.9.4 明确确保工程水土保持方案实施的监督保证措施。

6 节能设计

6.1

用能标准和节能规范

6.1.1 用能标准

风电场工程应进行综合厂用电率计算。

综合站用电率应为评价周期内，综合站用电量占风力发电机出口电量之和的比值。综合站用电量包括风力发电机出口电量之和与上网电量的差值，以及风电场项目下网电量。

6.1.2 节能规范

风电场节能设计应执行下述有关法规和规范：

《中华人民共和国节约能源法》；

《中华人民共和国可再生能源法》；

《民用建筑节能条例》（国务院第530号令）；

《建筑节能与可再生能源利用通用规范》（GB 55015）；

《工业建筑供暖通风与空气调节设计规范》（GB 50019）；

《公共建筑节能设计标准》（GB 50189）；

《建筑照明设计标准》（GB 50034）；

《建筑采光设计标准》（GB 50033）；

《用能单位能源计量器具配备和管理通则》（GB 17167）；

《电力装置电测量仪表装置设计规范》（GB/T 50063）；

国家其他有关节能政策及标准。

6.2

节能措施和效果

6.2.1 风电场建筑节能

建筑物布置、围护结构选型等应遵循节能降耗设计原则。建筑布置应充分利用日照及自然通风；应对建筑的体形以及建筑群体组合进行合理设计，以适应不同的气候环境。

6.2.2 建筑单体节能设计

6.2.2.1 建筑节能设计范围包括生产综合楼、生活用房、需采暖的设备用房等。

6.2.2.2 建筑布置应充分利用日照及自然通风，以适应不同的气候环境，建筑体形宜方正。

6.2.2.3 墙体应积极采用节能产品，尽量选用当地习惯使用的节能材料，外墙宜选用外保温系统，并采用成套产品。

6.2.2.4 寒冷及严寒地区外墙厚度宜大于300mm。

6.2.2.5 寒冷及严寒地区开窗面积不宜过大，严寒地区宜采用两道窗，在高纬度严寒地可采用三道窗；外门窗应选用节能型塑钢门窗或断热铝合金门窗。

6.2.2.6 平屋面采用倒置式屋面，保温材料首选EPS板（挤塑聚苯板）。

6.2.2.7 应注意建筑细部的保温构造，解决外墙出挑构件及附墙构件的热桥及冷桥的问题。

6.2.2.8 升压站建筑每个朝向的窗墙面积比均不应大于0.7。

6.2.3 设备节能

6.2.3.1 风电场内变压器类设备选用低损耗、节能型电气设备，以降低厂用电率；风电场设备、系统的布置在满足安全运行、便于检修的前提下，尽可能做到合理、紧凑，以减少各种介质的能量损失；风电场内电气二次设备选用低功耗元件。

6.2.3.2 暖通设备尽量采用集中控制装置。

6.2.3.3 风电场的照明采用高效优质节能型光源、电子镇流器。

6.2.3.4 风电场选用节水型卫生洁具等。

6.2.3.5 结合当地条件，采取太阳能、地热能等多种用能形式，以降低风电场总能耗。

6.2.4 节能效果

6.2.4.1 风电的节能效益主要体现在风电场运行时不需要消耗其他常规能源，环境效益主要体现在不排放任何有害气体和不消耗水资源。

6.2.4.2 通过风电场每年风力发电量，为电网节约标煤的指标数（火电煤耗以各省区标准为准），推算每年可减少燃煤所造成二氧化硫（SO_2）、氮氧化合物（NO_x）、烟尘、二氧化碳（CO_2）等多种有害气体的排放量，减少相应的水力排灰废水和温排水等对水环境的污染，以及节约用水。

7 施工组织设计

风电场施工组织设计应符合《风力发电工程施工组织设计规范》(DL/T 5384)的相应规定。

施工条件

（1）应概述本工程自然条件，如气候、水文、地质、地形地貌等。

（2）应简述本工程地理位置、工程任务和规模及工程方案。

（3）应简述本工程所在地点对外交通运输条件。

（4）应说明工程厂区施工条件，主要建筑材料、施工期供水和供电的来源及通信情况。

（5）应说明本工程的施工特点、重点、难点及注意事项。

（6）应说明项目单位和其他相关方对工程施工筹建准备、控制工期和总工期的要求。

施工总布置

（1）施工总布置的规划原则应充分掌握和综合分析工程特点、施工条件、工期要求和工程分标因素，合理确定工程施工总体布置，统筹规划为工程服务的各种临建设施及场地，做到局部和整体布置相协调。

（2）应确定施工总布置方案，生活区宜采用集中布置方式，生产区各类堆场、施工机具停放、机械动力及检修场、混凝土搅拌站宜集中布置。

（3）应明确混凝土总量及供应方式，当交通条件较好时建议采用商品混凝土。当采用自建混凝土生产系统，应提出生产规模、主要设备配置、总体布置、占地面积等内容。

（4）应分析提出工程土石方平衡规划，根据需要提出渣场规划和渣场占地面积，一般情况下不设置渣场。

（5）施工场区总平面布置应说明施工生产区土建、安装及施工办公、生活区的布置情况，说明划分各个区域的位置、功能和用地面积。应提供施工总平面布置图。

施工交通运输

7.3.1 交通运输方案

7.3.1.1 应根据风电场的地理位置、运输对象、交通运输条件及场内外交通斜街方式，选择运输方案和运输线路。

7.3.1.2 重大件运输方案选择应考虑下列因素：

（1）风电机组机舱、塔架、叶片、轮毂及主变压器等重大件的运输尺寸和重量。

（2）可选的运输设备能力。

（3）运输道路的通行能力。

7.3.1.3 应根据选定的运输线路走向，提出道路的新建、改扩建方案或临时通行措施。

7.3.2 对外交通运输方案

7.3.2.1 应说明场外交通现状、路线状况、运输能力及限制性条件等。

7.3.2.2 风机及箱式变压器的运输方案宜采用公路运输方案。

7.3.2.3 进场道路应结合工程区域的地形地质条件、地方运输要求、施工期运输强度等因素，确定设计方案。

7.3.2.4 进站道路应与邻近主干道路相连接，连接宜短捷且方便行车；坚持节约用地的原则，可采用在适当的间隔距离增设错车道的方式降低道路宽度。进站道路长度宜小于3km，道路路基宽度不宜大于5.5m，路面宽度不宜大于4.5m。

7.3.3 场内交通运输方案

7.3.3.1 应说明场内交通现状，包括路线状况、运输能力及限制性条件等。说明检修、施工道路的技术指标及本工程道路修建情况。

7.3.3.2 风电场场区道路应以连接到每台风机为布置原则，道路标高应与风机平台标高进行衔接。路基与路面宽度应符合本规范2.8节中的要求；道路最大纵坡应满足本规范2.8节中的要求；道路最小圆曲线半径可采用35m（特殊情况需根据大件运输方案确定）。优先选用天然建筑材料填筑路面，确需外购时应选用较经济的路面类型；场区无黏土时慎用泥结碎石路面；路面厚度可采用30cm。

7.3.3.3 场内道路需利用已有道路时，应区分改建道路和新建道路的长度和工程量。

7.3.3.4 施工道路作为检修道路使用的，其道路标准应满足检修道路要求。

7.4

工程征用地

（1）应说明项目地区征用地政策，需包含用地范围的确定依据、标准、方法。

（2）应明确项目用地的敏感因素排查情况，并提供场址与敏感因素关系图。

（3）风电场用地面积应符合《电力工程项目建设用地指标（风电场）》的相应规定。

（4）工程建设用地应按照永久用地、长期租地和临时用地分类。永久性用地包括升压站/开关站用地、风机基础用地、风机箱变用地、输电线路塔基、电缆井、硬化道路部分等；长期租地包括场内施工道路、直埋电缆沟等；临时用地包括临时生活生产设施及仓库用地等。按照此分类进行统计工程用地面积，并说明土地利用属性。

（5）说明本工程永久征地价格、长期租地费用、临时用地费用、青苗补偿费、耕地占用税、土地使用税、植被恢复费等。

主体工程施工

7.5.1 土建施工

7.5.1.1 施工方案的选择应考虑下列主要因素：

（1）水文气象条件、地形地质条件。

（2）基础结构和建筑物形式。

（3）物资供应条件。

（4）施工机械选型及布置条件。

（5）周边社会环境条件。

7.5.1.2 土石方开挖应符合下列要求：

（1）基础土石方开挖应自上而下分层进行。

（2）基础岩石开挖宜采用冲击破碎方法。

7.5.1.3 土石方回填应符合下列要求：

（1）土石方会填料应优先使用工程开挖料。

（2）基础土石方回填应分层压实。

7.5.1.4 桩基础施工应根据基桩形式合理选择施工机械。

7.5.1.5 混凝土原材料应根据工程区的建筑材料供应条件、混凝土性能要求、施工条件等因素选择确定。

7.5.1.6 混凝土运输宜采用混凝土搅拌运输车。混凝土生产、运输、浇筑及温度控制等各施工环节应合理衔接。

7.5.1.7 风电机组基础应连续浇筑不留施工缝。

7.5.1.8 风电机组基础混凝土宜采用温控措施，并应满足冬期和雨期施工要求。

7.5.1.9 混凝土浇筑后应及时进行保湿养护，保湿养护可采用洒水、覆盖、喷涂养护剂等方式。

7.5.1.10 对采用新材料、新工艺的风电机组基础及塔架，其施工方案应进行专项论证。

7.5.2 设备安装

7.5.2.1 安装方案的选择应考虑下列因素：

（1）水文气象条件、地形地质条件。

（2）设备零部件尺寸、重量和安装部位。

（3）安装机械选型及布置条件。

7.5.2.2 风电机组主要设备的堆放应符合下列要求：

（1）堆放场地应平整、满足承载力要求，有良好的排水措施，满足防雷要求。

（2）主要设备宜按安装顺序堆放，且布置在吊车工作范围内。

7.5.2.3 风电机组安装条件应符合下列规定：

（1）道路应平整、通畅，满足各种施工车辆安全通行。

（2）应有足够的零部件存放和拼装场地。

（3）基础混凝土龄期不应少于28d或基础强度不应低于设计强度的75%。

（4）基础接地网敷设完毕。

7.5.2.4 应根据风电场机组安装进度、风电机组设备卸货及安装要求，并结合风电机组主要设备的外形尺寸、重心位置、单件重量、安装高度等因素选择主要安装设备。

7.5.2.5 风电机组安装进度安排应与基础施工相协调。风电机组安装应满足厂家相关技术要求，雷雨天气不得进行安装作业。

7.5.2.6 主要电气设备安装应符合下列规定：

（1）应与土建施工程序相协调，避免施工干扰。

（2）预埋件埋设宜随结构混凝土施工同步进行。

（3）设备安装应在基础混凝土强度达到设计值70%后进行。

7.5.2.7 电缆敷设及防雷接地应按照敷设方式和施工时序选择合理的施工方法。

7.5.3 集电线路施工

7.5.3.1 应根据集电线路设计方案，综合考虑路径、交通、交叉跨越、材料堆放、水电供应条件等因素确定集电线路的施工布置方案。

7.5.3.2 应根据集电线路施工运输条件确定运输方法。人力运输的道路宽度不宜小于1.2m，坡地不宜大于1：4。

7.5.3.3 对交通路口、山坡或河边的杆塔，应根据现场情况设置防护标志，并采取防护措施。

7.5.3.4 紧线作业应在杆塔基础混凝土达到设计强度、全紧线段内杆塔延后合格后方可进行。

7.5.3.5 直埋电缆敷设于冻土地区时，宜埋入冻土层以下。当无法深埋时，可埋设在土壤排水性好的干燥冻土层或回填土中，也可采取其他防止电缆受到损伤的措施。电缆与铁路、道路交叉时，应敷设于坚固的保护管内。

7.6

施工总进度

（1）应说明施工总进度设计原则，列出主体工程、对外交通、场内交通及施工临建工程、施工设施等控制进度的因素。

（2）说明施工总进度及关键路线、主要单项工程项目的施工强度，并形成施工总进度计划表（横道图）。

（3）应明确施工总进度的关键路线及主体工程控制进度的因素和条件，提供横道图或双代号网络图。为达到快速建成风电项目的目标，风机数量小于20台时，施工总工期不宜大于12个月，当风机数量大于20台时，需要根据所开设的作业面等因素综合确定。施工资源供应提供主要施工机械设备汇总表和施工主要经济技术指标表。

附录 A 各设计阶段基础资料

不同设计阶段应收集风电场及其周边区域的基础资料见表 A-1。

表 A-1 不同设计阶段应收集风电场及其周边区域的基础资料表

序号	资料内容			联系单位
	前期阶段	可行性研究设计阶段	优化设计阶段	
1	1：50000 或 1：100000 地形图（场区外延 10km）	风电场所在区域及场区外延 1~2km，1：2000 地形图，升压站 1：500 地形图		国土、测绘部门
2	区域电网规划报告			电网公司
3	风电场周边区域气象站历年（近 30 年）气象资料	风电场周边区域气象站历年（近 30 年）气象资料；气象站与风电场测风同期资料		气象部门
4	所在区域交通运输条件现状及规划			交通运输部门
5	所在区域土地利用、规划资料；所在区域土地属性分布			国土部门
6	矿产及采空区分布			国土、矿产部门
7	军事设施、电台、机场分布			军事（人武部）
8	旅游、景区保护资料及规划			旅游部门
9	现存已探明文物资料			文物部门
10	区域建设总体规划资料			规划部门
11	区域风电场规划资料、已有测风数据、风资源评估报告和风电场工程设计资料	工程规划报告和评审意见	工程可行性研究报告和评审意见	发改委（局）、项目公司

序号	资料内容			联系单位
	前期阶段	可行性研究设计阶段	优化设计阶段	
12		项目各项支持性文件、专题报告	项目各项支持性文件、专题报告、接入系统批复（审查意见）	项目公司
13	征租地价格、土地使用费率、当地材料（建材）价格、林木等用地的赔偿情况及相关政策			项目公司
14			中标机型技术说明书，塔架、基础设计资料，运输方案	风机厂家